乡村振兴人才培养系列教材
图说现代农业高质量发展关键技术丛书

软枣猕猴桃
丰产及病虫害防治

田　晓　著

U0259685

中国农业大学出版社
·北京·

内 容 简 介

本书内容包括软枣猕猴桃概述,软枣猕猴桃品种,软枣猕猴桃栽培技术及丰产园建设,软枣猕猴桃病虫害及防治方法,软枣猕猴桃全年栽培管理与病虫害防治月历5部分。重点介绍了软枣猕猴桃丰产栽培的经验和病虫害防治技术。本书的选材和编写,根据阅读人群的特点,语言文字深入浅出,注重实际,内容丰富,技术实用,并附有大量彩照,图文并茂,通俗易懂。适合从事生产的农民、农技推广人员、园林科技工作者、园林工人和技术人员、园林爱好者和农林院校学生学习参考。

图书在版编目(CIP)数据

软枣猕猴桃丰产及病虫害防治/田晓著.--北京:中国农业大学出版社,
2021.12
　　ISBN 978-7-5655-2663-3

　　Ⅰ.①软… Ⅱ.①田… Ⅲ.①猕猴桃-果树园艺 ②猕猴桃-病虫害防治
Ⅳ.①S663.4 ②S436.634

　　中国版本图书馆 CIP 数据核字(2021)第 247343 号

书　　名	软枣猕猴桃丰产及病虫害防治
作　　者	田　晓　著

策划编辑	林孝栋　康昊婷	**责任编辑**	康昊婷
封面设计	郑　川		
出版发行	中国农业大学出版社		
社　　址	北京市海淀区圆明园西路2号	**邮政编码**	100193
电　　话	发行部 010-62818525,8625	**读者服务部**	010-62732336
	编辑部 010-62732617,2618	**出 版 部**	010-62733440
网　　址	http://www.caupress.cu	**E-mail**	cbsszs @ cau.edu.cn
经　　销	新华书店		
印　　刷	涿州市星河印刷有限公司		
版　　次	2022年5月第1版　　2022年5月第1次印刷		
规　　格	148 mm×210 mm　　32开本　　4.25印张　　150千字		
定　　价	29.80元		

图书如有质量问题本社发行部负责调换

目　　录

第一章

软枣猕猴桃概述

猕猴桃,也称奇异果,是当今世界新兴果树之一,与美洲鳄梨、美国越橘、澳洲坚果并称为 20 世纪人工驯化栽培野生果树中最有成就的四大树种。全世界猕猴桃属植物约有 66 个品种,中国作为猕猴桃属的原生和分布中心约有 62 个品种,种质资源极为丰富。猕猴桃中富含生物活性物质,如黄酮类、多酚类等,可抗肿瘤、抗氧化、防癌及增强免疫力。猕猴桃也被誉为"水果之王",其果实味道酸甜,营养丰富,富含维生素 C、蛋白质、氨基酸等有机物质和多种对人体有益的矿物元素,因此猕猴桃备受消费者的喜爱,具有重要的栽培价值和经济价值。猕猴桃属植物中栽培价值较高的有美味猕猴桃、中华猕猴桃、软枣猕猴桃(图 1)和毛花猕猴桃等品种。

软枣猕猴桃是猕猴桃科、猕猴桃属多年生落叶攀缘木质藤本果树,小枝基本无毛或幼嫩时零散地薄被柔软绒毛或茸毛,叶膜质,卵形、长圆形、阔卵形至近圆形,顶端短尖,基部圆形至浅心形,背面绿色,花序腋生或腋外生,苞片线形,花绿白色或黄绿色,芳香,萼片卵圆形至长圆形,花瓣楔状倒卵形或瓢状倒阔卵形,花丝丝状,花药黑色或暗紫色,长圆形箭头状,果圆球形至柱状长圆形,长 2～3 cm,成熟时绿黄色或紫红色。种子纵径约 2.5 mm。

1

图1 软枣猕猴桃

软枣猕猴桃是我国珍贵的抗寒浆果果树资源,广泛分布于东北、西北、华北和长江流域等地区。俄罗斯远东地区、朝鲜半岛及日本也有少量分布。

软枣猕猴桃是极具经济和营养价值的第四代水果,有"水果之王"的美誉。其果皮绿色光滑、果实鲜美,果实成熟后柔软多汁、风味独特、酸甜可口、营养丰富,富含多种氨基酸、维生素C、类胡萝卜素、脂肪、蛋白质、钙、磷、铁、镁、钾、钠等多种微量元素并含有果胶等营养成分,具有抗氧化、滋补强身、生津润肺的作用,是理想的绿色养生保健水果。研究显示,软枣猕猴桃还具有抗癌、抗肿瘤等功能,对皮肤保健作用尤为突出。既可以鲜食,也可以制成果酱、果汁、果脯、罐头、果醋,还可以酿酒等。

一、营养价值、药用价值和经济价值

1.软枣猕猴桃的营养价值

软枣猕猴桃果皮绿色（或浅紫红色）光滑，果实鲜美，果肉绿色（或红心）。果实含有丰富的可溶性固形物、糖、有机酸，氨基酸933.9 mg/100 g，维生素 C 含量丰富，是鲜枣的 2 倍、中华猕猴桃的 4 倍、柑橘的 5～10 倍、苹果和梨的 80～100 倍，被誉为"水果之王""维C之冠"。

2.软枣猕猴桃的药用价值

软枣猕猴桃具有很好的医疗保健作用，对一些常见疾病有很好的疗效，可促进手术后病人康复和产妇恢复。

软枣猕猴桃的根茎叶及果实药用价值明显，具有消炎、止痛、止泻、解烦热、利尿、祛痰、健胃等功效。现代医学表明软枣猕猴桃还具有提高免疫力、抗氧化、清除自由基、抗肿瘤、降血糖、降血脂等功效。软枣猕猴桃之所以具有多种药效，是由于其各组织内含有功能化合物，如多糖类、黄酮类、三萜类、生物碱类、挥发油类化合物等。软枣猕猴桃的药理作用主要与其含有的黄酮、多糖等成分密切相关，同时其含有的生物碱成分对对抗疲劳和提高运动能力具有较好效果。在小鼠实验中发现软枣猕猴桃中含有的生物碱具有良好的免疫活性，多糖和黄酮成分具有润肠通便功效，三萜类成分还可以通过调节脂肪细胞来治疗肥胖，有效缓解由于高脂饮食引起的神经退行性疾病。现代医学证明，软枣猕猴桃汁能有效阻断致癌物质 N-亚硝基化合物在人体内的合成，阻断率高达 95%，软枣猕猴桃的根在抗癌、抗肿瘤的研究中应用较为广泛，研究显示软枣猕猴桃根对宫颈癌、卵巢癌及消化系统的癌症等均有较好的药理活性，但具体原理还未明确。

软枣猕猴桃味甘，无毒，主消渴，解烦热。近代医学临床认为，软枣猕猴桃有调中理气，生津润燥，解热除烦之效，对肝炎、消化不良、食欲不振、便秘、呕吐、烧伤、烫伤、维生素 C 缺乏症、高血压、心血管疾病及麻风病等,都有一定的防治和辅助治疗作用。

3.软枣猕猴桃的经济价值

规模化栽培软枣猕猴桃一般亩(1 亩 $\approx$ 667 m^2)产 1 000 kg 以上,如果每千克销售价按 10 元计算,亩产值 1 万元,亩净利润在 8 000 元左右。若作为鲜果销售,平均售价可以达到 20 元/kg 以上,亩净利润达到 1.5 万元以上,是种植玉米净利润的 10～20 倍。2012 年,在英国的阿斯达超级市场,一盒 125 g 的软枣猕猴桃鲜果售价是 2 英镑,折合人民币约 160 元/kg。2014 年,新西兰产的软枣猕猴桃鲜果在北京批发价为 200 元/kg。2015 年,野生或农家院鲜果销售在 100～200 元/kg。

软枣猕猴桃风味浓郁独特,产量高,除鲜食外还可加工成果汁、果酒、果干、果脯、果粉、果晶、罐头、汽水、果冻、点心及多种保健护肤品,工业用蛋白酶和粘胶等。

软枣猕猴桃花可提取香精、香料或制成软枣猕猴桃茶。种子含油量高达 35%,可供食用或提取果王素。软枣猕猴桃叶片中富含淀粉、蛋白质和维生素,是极好的牲畜饲料。枝条中的纤维及胶类物质可用于纺织、造纸和建筑业。

软枣猕猴桃生产中可不使用农药,施用化肥量较少,是生产无污染绿色食品的优良果树,软枣猕猴桃果龄可达 80 多年且产量高,经济效益比其他水果高出 3～5 倍,经过深加工后其效益可提高十几甚至几十倍。

4.软枣猕猴桃的生态效益

软枣猕猴桃适应性强,种植范围广,在平原、丘陵地区以及海拔400～2 000 m 的地方最为适宜。软枣猕猴桃具有良好的保持水土作用,其叶面积大,单株覆盖面大,能有效地截留降雨,减少雨滴对地表的击溅,分散地表径流,减轻雨水对土壤的冲刷,能很好地保持土壤免受侵蚀。地下根系错综复杂,多呈水平状分布,有固结土壤、改善土壤结构、提高土壤肥力等作用。

二、国外软枣猕猴桃生产现状

软枣猕猴桃在国外被称为"超级水果",在软枣猕猴桃品种资源开发利用中,新西兰、日本在很长一段时间处于领先地位。国外对软枣猕猴桃的研究主要集中在软枣猕猴桃的贮藏保鲜、保健功能及倍数性等方面。新西兰软枣猕猴桃的选育工作起步较早,培育出很多软枣猕猴桃品种,例如 C3C3、K2D4 等,并已经在世界各国进行销售。智利和美国称软枣猕猴桃为"Kiwiberry"或"baby kiwi",鲜果出口到中国、日本等国家。日本也十分重视对软枣猕猴桃品种的选育工作,目前选育出的栽培品种主要有里泉、峰香、山形娘、信山、雪娘、茂绿、花之井、光香、香粹 9 个品种。韩国从 20 世纪 90 年代开始软枣猕猴桃的品种选育工作,目前已自主培育出了 8 个品种,从野生软枣猕猴桃中选育出了 Congsan、Gwangsan、Chiak 3 个纯软枣猕猴桃品种,具有早熟、抗病、抗寒的特点,适合寒冷地区栽培;以软枣猕猴桃为亲本培育出了 Skinnvgreen、Bi-dan、Bo-hua、Bangwoori、Book 5 个软枣猕猴桃的杂交品种,果个大且多数无毛,但生育期较长、耐寒性较差,适合温暖地区栽培。

三、我国软枣猕猴桃生产现状

我国是软枣猕猴桃的起源和分布中心,我国有中华猕猴桃面积 100 万亩,年产量 50 万 t,分布于云南、广西、贵州、湖南、江西、福建、浙江、四川、重庆、湖北、安徽、甘肃、陕西、河南、山西、山东、河北、北京、天津、辽宁、吉林、黑龙江等省(区、市),其中以东北的软枣猕猴桃资源最为丰富。近 10 年来,软枣猕猴桃产业在以东北三省为中心的区域内飞速发展。

我国对软枣猕猴桃的研究主要集中在栽植技术、组织培养、贮藏保鲜等方面。作为猕猴桃的原产地,种质资源极为丰富,猕猴桃属共 66 个种,我国分布有 62 个种。软枣猕猴桃适于生长在气候凉爽湿润,水分充足的地方。在我国的山区,特别是在东北地区的大小兴安岭和长白山地区分布最为广泛。目前,我国选育的软枣猕猴桃品种有 19 个,即馨绿、佳绿、魁绿、苹绿、丰绿、雄株品种——绿王、桓优 1 号、龙成二号、佳园 3 号、佳园雄性系 X-1、红宝石星、宝贝星、长江一号、长江二号、长江三号、红迷一号、绿迷一号、紫迷一号、丹阳(LD 133)等,另外还有一些未经过相应主管部门审定或登记的优良品系。

四、软枣猕猴桃生态习性

软枣猕猴桃抗寒性极强,在 $-39℃$ 的低温条件下仍能正常生长发育。软枣猕猴桃喜凉爽、湿润气候,主要生长在阴坡或半阴坡的针阔混交林和杂木林内,在水分充足、土层较厚的阳坡地段或山沟溪流两侧生长较多,多攀缘于阔叶树干,其枝蔓集中于树冠上部。在生长期内,软枣猕猴桃易遭受晚霜和早霜危害,种植区的年降水量在 $500\sim1\,000$ mm,海拔 $500\sim700$ m,土壤类型多属棕色森林土和暗棕色森林土。

软枣猕猴桃各年的物候期相近,生长期 $130\sim140$ d。5 月上旬开始萌芽,5 月中旬至 5 月下旬为展叶期,5 月中旬至 7 月中旬为新梢生长期,其中 5 月中旬为生长初期,5 月下旬至 6 月中旬为生长盛期,7月中旬为新梢成熟期,6 月中旬为始花期,6 月中旬至 6 月下旬为盛花期,6 月下旬为终花期,9 月上旬为果实成熟期,10 月上旬为落叶期。

软枣猕猴桃当年生长量较大,果实纵和横径生长趋势曲线呈“S”形。授粉 70 d 内果实质量和体积变化经历“慢→快→慢→快→慢”的过程,生长曲线呈双“S”形,生长大致划分 5 个阶段,即缓慢增长期、迅速增长期、胚生长和果实薄壁细胞扩大期、种子硬化种皮着色期(授粉后 $40\sim50$ d)及果实成熟期。

软枣猕猴桃为喜光性植物,光照充足时,植株枝叶生长茂盛,结实良好;在庇荫条件下,枝蔓纤细,结实不良。野生软枣猕猴桃的架面位于乔木树冠之上时,生长和结实状况良好,下部由于光照条件不足,枝蔓自枯严重。抗寒性较强,晚霜严重危害萌发嫩梢。不同发育阶段软枣猕猴桃对水分需求量的差异较大,花期前和果实生长期对水分需求量较大,花期后需水量较少,果实基本停止生长时需水量逐渐减少。软枣猕猴桃不耐干旱,在干旱条件下生长不良。根系可塑性较强,对土壤要求不甚苛刻,喜棕色森林土、黑钙土及沙壤土,以土层深厚肥沃、排水良好的湿润土壤条件下生长良好。在地下水位高、季节性积水和盐碱条件下生长不良。

五、软枣猕猴桃对自然环境的适应性

(一)软枣猕猴桃对温度的适应性

温度是影响植物生长发育及产量高低的重要环境因素,合适的温度是保证植物正常生长的必要条件,过高或过低的温度都会影响植物的生长发育。软枣猕猴桃对温度的适应幅度较广,从软枣猕猴桃分布的气候区来看,软枣猕猴桃喜欢生长在温暖的环境中,但因其冬芽被包裹在芽座内,芽座发达,可以用来抵御严寒,所以软枣猕猴桃的耐寒性比较强。

目前造成软枣猕猴桃减产的主要因素是热害,由高温引起的虫害以及日灼等自然灾害。但是近几年软枣猕猴桃植株遭受低温伤害的情况也频繁发生,当温度下降到植物所不能忍受的最低值时,就会造成农作物生长障碍,结实器官受损,最终导致不能正常生长和结实,严重时会导致植物死亡,从而造成农作物大幅度减产。

低温对软枣猕猴桃的伤害,在早春时期主要表现为芽受冻,导致芽内器官发育受阻,或已经发育的器官变色死亡。深秋时期的冻害表现为来不及正常落叶的嫩梢、树叶干枯,变褐色。休眠时期的冻害则表现为枝干、枝蔓失水开裂。有时低温还会伴随着一定程度的大风和低湿度等不良的环境条件,即使温度降低程度还没达到上述指标,依然会导致软枣猕猴桃的枝蔓严重失水、干枯甚至全株死亡。由此可见,低温伤害已经成为制约软枣猕猴桃产业发展的重要障碍因素。

(二)软枣猕猴桃对光照的适应性

光照是绿色植物进行光合作用,合成有机物质必不可少的条件,是植物生长发育的基础。软枣猕猴桃在生长过程中对光照的要求会随着树龄增长存在两极化差异。在幼苗阶段,需要一定的庇荫条件,忌强光直射及长时间持续光照,而在成熟阶段,则相对喜光,需要有足够的光照条件枝蔓才能生长,开花结果,如果缺乏光照,植株则生长细弱,结实不良。软枣猕猴桃虽是喜光性植物,但在软枣猕猴桃生长季如果连续出现强日照天气,易造成软枣猕猴桃日灼病。因此在人工栽培时,要注意避免强光和阳光直射,适当采取遮阳措施,防止日灼现象的发生。

(三)软枣猕猴桃对水分的适应性

软枣猕猴桃喜温暖、湿润的环境,在整个生长发育周期内对水分的需求不同,在花期后和果实停止生长阶段对水分的需求相对较少,在花期前和果实生长发育阶段对水分的需求较多,如果供水不及时,将会破坏果的品质,严重时甚至导致落果。软枣猕猴桃是浅根植物,骨干根少,侧根不发达,所以怕干旱,当生长环境中水分不足时,会造成软枣猕猴桃的枝梢生长障碍,叶片变小,叶缘萎蔫,严重时会导致落叶、落果等。同时软枣猕猴桃还怕涝,在排水不良或出现积水时,大部分树会被淹死,在北方雨季,如果连续下雨且排水不良,使其根部处于淹水状态,影响根的呼吸,时间长了会造成根系组织腐烂,植株死亡。

(四)软枣猕猴桃对土壤的适应性

土壤是植物赖以生长的根本,软枣猕猴桃的根属于浅根系,一般生长在土壤浅层,因此对生长的环境要求高,适应中性和微酸性土质,土壤 pH 以 5.6～6.8 最为合适,当 pH 在 7.0～7.2 时,枝条纤细,叶片发黄,要施用酸性肥料调节 pH。软枣猕猴桃喜欢生长在温暖湿润、土壤疏松、有机质丰富、透气性良好的沙质土壤中,不适合在盐碱土、养分较少的沙石土或者是黏性过大和过于湿润的土壤中生长,这类土壤会使植株长势不良、产量下降。

第二章

软枣猕猴桃品种

软枣猕猴桃优良品种主要包括：馨绿、佳绿、苹绿、丰绿、雄株品种——绿王、红宝石星、宝贝星、魁绿、桓优1号、龙成二号、佳园3号、佳园雄性系X-1、长江一号、长江二号、长江三号、红迷一号、绿迷一号、紫迷一号、丹阳（LD 133）。

一、馨绿

馨绿是中国农业科学院特产研究所筛选出来的软枣猕猴桃品种，是从野生软枣猕猴桃群体中选育出的抗寒、耐贮的新品种（图2）。该品种果实倒卵形，果皮绿色，光滑无毛，平均单果质量12.4 g，最大单果质量17.0 g，果形指数1.22，果肉绿色，肉质疏松，多汁细腻，酸甜适口；可溶性固形物15.7%，可溶性糖7.9%，总酸1.2%，维生素C 465 mg/100 g，品质上乘。扦插苗定植后3～4年开花结果，在吉林地区露地栽培，9月上旬成熟，平均产量9 832.8 kg/hm²。

二、佳绿

佳绿是利用野生软枣猕猴桃群体中的优良资源，经无性繁殖选育

图 2　软枣猕猴桃——馨绿

出的软枣猕猴桃新品种(图 3),2014 年 3 月通过吉林省农作物品种审定委员会审定并定名。

图 3　软枣猕猴桃——佳绿

该品种果实长柱形,绿色,光滑无毛,果实纵径 38.5～48.6 mm,横径 25.8～32.8 mm,侧径 23.6～26.3 mm,平均单果质量 19.1 g,最大单果质量 25.4 g,果柄长 26～45 mm。果肉细腻,酸甜适口,品质上等,可溶性固形物含量 19.4%,总糖 11.4%,总酸 0.97%,维生素 C

450 mg/100 g。植株树势中庸。扦插苗定植后 3～4 年开始结果,结果率 51.4%,田间自然坐果率 95.5%,盛果期平均每公顷产量为 15 150 kg。

在吉林地区,每年 4 月 20 日前后萌芽,6 月中旬开花,露地栽培 9 月初果实成熟。开花至果实成熟需 80 d 左右。

三、苹绿

苹绿是从吉林省集安市榆林公社搜集的野生资源单株,经多年无性繁殖优选而成的新品种(图 4)。果实近圆形,果形指数 0.97,果皮绿色光滑无毛,平均单果质量 18.3 g,最大单果质量 24.4 g。果肉深绿色,味酸甜,含可溶性固形物 18.54%,总糖 12.18%,总酸 0.76%,维生素 C 7 650 mg/kg。在吉林地区露地栽培,9 月上旬果实成熟。

图 4　软枣猕猴桃——苹绿

四、丰绿

丰绿是 1980 年在吉林省集安县复兴林场的野生软枣猕猴桃中选出的单株,经扦插繁殖成无性系,移栽于试验园中,于 1985 年开始进行果实性状、农业生物学特性观察和果品加工试验,同时在东北三省进行试栽。1993年通过吉林省农作物品种审定委员会审定(图5)。

图5　软枣猕猴桃——丰绿

果实圆形,果皮绿色光滑,平均单果重8.5 g,最大果重15 g,果形指数0.95,果肉绿色,多汁细腻、酸甜适度,含可溶性固型物16.0%,糖6.3%,有机酸1.1%,种子190粒左右。

树势生长中庸,萌芽率53.7%,结果枝率52.3%,花序花朵数多为2朵,少量为单花,坐果率可达95%以上。果实多着生于结果枝5～10节叶腋间,多为短、中枝结果,每果枝可坐5～10个。8年生树单株产量12.5 kg,最高株产24.3 kg,平均亩产果实824.2 kg。

萌芽期一般在4月中下旬,开花期为6月中旬,9月上旬果实成熟。在无霜期120 d以上,温度高于10℃,活动积温2 500℃以上的地方均可栽培。

适宜栽植在东北向和北向坡地,采用联体棚架[架面高1.8 m,株行距5 m×(2～2.5) m]。冬季修剪每平方米保留一年生中、长枝4～5个,短枝在不过密的情况下尽量保留。夏季摘心,除延长新梢外,最长不超过80 cm,疏除过密新梢,每平方米除短梢外,保留8～10个新梢,其中结果新梢为40%左右。

该品种加工的果酱色泽翠绿,富含多种营养成分,保持了果实的浓郁香气和独特风味,维生素 C 含量可达 1 100 mg/kg,总氨基酸含量为 4 519 mg/kg。1990 年在长白山软枣猕猴桃果酱鉴定会上,专家一致认为该品种适于加工,其加工产品居国内同类产品领先地位,1990 年被评为年度国家级新产品。

五、雄株品种——绿王

绿王是从吉林省左家镇野生软枣猕猴桃群体中收集的优良种质资源,经无性繁殖选育出的软枣猕猴桃雄性新品种(图 6)。树势中庸,花期持续约 9 d,每朵花的花药数平均为 44.6 个,每花药的花粉量为 16 750 粒,发芽率 94.3% 以上,授粉特性好,抗病能力较强。

图 6　软枣猕猴桃——绿王

六、红宝石星

红宝石星是亚热带赣南地区的优良种质资源(图 7),植株生长势较强,在田间未发现溃疡病等病害,具有较强的抗旱性和耐热性。伤流期在 2 月中旬,萌芽期在 3 月中旬,花期在 4 月上旬,花期长达 6～7 d,8

月上旬果实成熟,11 月下旬开始落叶进入休眠期。果实长椭圆形,果形指数 1.51,平均单果质量 25.85 g,最大可达 32.49 g,丰产性较强,3 年生猕猴桃亩产量可达 500 kg。果实可溶性固形物含量为 16.60%,干物质含量为 16.84%,可溶性糖含量较高,为 17.30%,可滴定酸含量低,为 0.83%,风味甜香,果实维生素 C 与花青苷积累较低,分别为 1 074.3 mg/kg 和 2.1 mg/kg。该品种在亚热带赣南地区表现出适应性强、抗性强、丰产、果实糖度积累显著增加、综合性状良好等特点,但其维生素 C 与花青苷含量较低,在赣南地区栽培时可采用适当遮阳、套袋等技术措施,促进维生素 C 和花青苷的积累。

图 7 软枣猕猴桃——红宝石星

七、宝贝星

宝贝星是 2003 年在河南省栾川县伏牛山老界林从野生软枣猕猴桃群体中收集的优良单株品种,而后将其高接在四川什邡猕猴桃研究基地,从中筛选出的优良株系,经多年连续观察评价、品比和区试选育出的优良品种,该品种表现出丰产稳产,抗叶斑病、褐斑病等特点,与魁绿相比,其干物质含量更高,味更甜,口感更好。2011 年 2 月通过四川省农作物品种审定委员会审定(图 8)。

图 8 软枣猕猴桃——宝贝星

　　本品为雌性品种,一年生枝条浅褐色,枝上皮孔多,椭圆形。幼叶长椭圆形,先端锐尖,基部张开,叶缘锯齿较深。多花序,侧花 1～3 个,花蕊黑色,花瓣数 5.35,花柱 23.05 个,花柱水平,子房长椭圆形。果实短梯形,果顶凸,果皮绿色光滑无毛,果肉绿色,果实无缢痕,果柄长 2.29 cm,果心椭圆形。平均单果质量 6.91 g,维生素 C 1 980 mg/kg,总糖 8.85%,总酸 1.28%,可溶性固形物 23.2%,干物质 22.6%。

　　植株长势中庸,一年中以春梢为主,占 85%,其次抽生少量的夏梢和秋梢,萌芽率 70%,结果枝率 65%,以 30 cm 以下的短果枝结果为主,占 60%,果实多着生于结果枝 4～8 节叶腋间,坐果率 90% 以上,嫁接苗定植后第 2 年有 70% 植株开花结果,第 3 年全部结果,第 4 年进入盛果期。盛果期亩产量 1 000 kg。落果现象不明显。

　　2 月上旬萌芽,2 月下旬展叶抽梢,4 月中旬开花,5 月上旬坐果,9 月上旬果实成熟,11 月上旬落叶,全年生长期 250 d 左右。对叶斑病、褐斑病等有较强抵抗力。

　　适应性强,一般在年平均气温>11℃、海拔 1 300 m 以下适宜生长,土壤疏松肥沃,透气性好,pH 5.5～6.5,排水良好的地区均可栽培,深翻 60 cm 后施有机肥进行土壤改良。早春或晚秋栽苗,株行距为

2 m×3 m。雌雄株比 8∶1,授粉配宝贝星专用雄株。架式以"T"形架或大棚架为宜,少抹芽,多留长枝,8月下旬后除去晚秋梢。冬季修剪留强壮长枝,每株留 10～15 个结果母枝。2月上旬伤流期前施以磷、钾、钙、硫、镁肥为主的早春肥;3月中旬萌芽后 2～3 周施以氮、钙肥为主的展叶肥;4月上旬施花前肥,以氮、磷、钾、钙、硫、镁肥为主;5月中旬开花后 4 周施以氮、磷、钾、钙、硫、镁肥为主的坐果肥;10月中旬施以有机肥为主的采果后肥。9月中下旬,当果实可溶性固形物达到 7%时开始采收。

八、魁绿

魁绿是中国农业科学院吉林特产研究所 1980 年在吉林省集安市复兴林场的野生软枣猕猴桃种质资源中筛选出来的优良单株,1993 年通过吉林省农作物品种审定委员会审定(图 9)。

图 9 软枣猕猴桃——魁绿

该品种平均单果重 18.1 g,最大单果重 32.0 g,长卵圆形,果形指数 1.32,果皮绿色,光滑无毛,果肉绿色、多汁、细腻、酸甜适度,可溶性固形物 15.0%,总糖 8.8%,总酸 1.5%,维生素 C 430 mg/100 g,总氨基酸 933.8 mg/100 g。

该品种具有树势生长旺盛,抗逆性强的特点,坐果率 95%以上,萌芽率 57.6%,果枝率 49.2%,抗寒能力强,无严重病虫害,8 年生树规模化生产单株平均产量 13.2 kg,最高株产 21.4 kg。9 月初果实成熟,属早熟品种。

九、桓优 1 号

桓优 1 号是 2005 年在辽宁省桓仁县三道河子野生软枣猕猴桃种质资源中选育的优良品种,经 3 年试栽和驯化后,由桓仁县林业局推广,2007 年该品种通过辽宁省非主要农作物品种审定委员会审定(图 10)。

图 10 软枣猕猴桃——桓优 1 号

该品种树势强健,果个大,平均单果重 22 g,最大果重 36.7 g;果实近扁圆形,果皮青绿色,果肉中厚、绿色、肉质细腻,果糖总量 9.2%,可滴定酸含量 0.18%,可溶性固形物含量 22.0%,维生素 C 含量 3 791 mg/kg。该品种产量高,丰产稳定,栽植第 3 年开始结果,第 4 年结果株率达 100%,盛果期株产 24.16 kg。一般 9 月份中下旬浆果成熟,属中晚熟品种,成熟后不易落果。自然条件下可贮藏 20 d 左右。

十、长江一号

长江一号软枣猕猴桃属大型落叶藤本植物,是沈阳农业大学于2006年从野生种中选育出来的鲜食软枣猕猴桃早熟品种(图11)。

该品种果实长圆柱形,鲜绿色,果实整齐,外观好。果实较大,平均单果重16.3 g,最大单果重23.7 g。果皮光滑无毛,无侧棱,果肉绿色,鲜果酸甜适口,风味浓郁。

含可溶性固形物16%,滴定酸1.19%,氨基酸1.16%,维生素C 3 590 mg/kg,品质上乘。耐贮性好,自然条件下可贮藏7~10 d。

该品种生长势强,枝蔓粗壮、短,以中长果枝结果为主,易形成花芽,具备连续结果能力,丰产、稳产性好。经多点试栽,苗木性状表现一致,适宜我国安徽、甘肃、黑龙江、江苏、辽宁、陕西、云南等多地栽植,亩产高达1 500 kg。

图11 软枣猕猴桃——长江一号

十一、龙成二号

龙成二号软枣猕猴桃发现于宽甸满族自治县虎山镇老边墙村,是

19

宽甸龙成软枣种植专业合作社于 2002 年在野生种质资源中选育出的优良品种(图 12)。

该品种果实呈长柱形,平均纵径 5.15 cm,横径 2.9 cm,平均单果重 22.8 g,最大单果重 36.8 g,果肉中厚、绿色、肉质细腻,维生素 C 含量高达 600 mg/100 g,果糖 9.0%,可溶性固形物含量 20.0%。

该品种树势生长旺盛,产量高、丰产稳定、抗寒能力强,栽植第 3 年开始结果,第 4 年结果株率达 100%,一般在 9 月末浆果成熟,属中晚熟品种。

图 12　软枣猕猴桃——龙成二号

十二、佳园 3 号

佳园 3 号是宽甸满族自治县佳园软枣猕猴桃研究所在石湖沟乡下长阴农户家中选出的优良品种(图 13)。

该品种果实扁圆形,果形指数 0.9,平均单果重 25.8 g,最大单果重 49.6 g,近 50 g,每果序平均果数 2.5 个,果实大,风味佳,可溶性固形物 21%。该品种 9 月 20 日前后成熟,自然条件下可贮藏 20 d 左右。

株行距在 2 m×4 m,每亩约种植 83 株。嫁接苗的定植第 2 年会少量挂果,第 3 年会陆续进入丰产期,单株平均产量 13.2 kg,最高株产

21.4 kg,亩产量在 2 000 kg 左右。在安徽、河南、江苏、浙江等地适宜种植,经济价值较高,作为鲜果销售,平均可达 20 元/kg 以上,且需求量高,深受消费者喜爱。

该品种具有树势生长旺盛,抗逆性强的特点,坐果率 95% 以上,萌芽率 57.6%,果枝率 49.2%,抗寒能力强,无严重病虫害。

图 13　软枣猕猴桃——佳园 3 号

十三、佳园雄性系 X-1

佳园雄性系 X-1 是宽甸满族自治县佳园软枣猕猴桃研究所在野生软枣猕猴桃中选育出的优良雄株品种(图 14)。

该品种具有树势强健、抗逆性强、花序花量大、花粉量大、花期长等特点。该品种花期一般为 7～10 d,每个花序一般 5～7 朵花,雄花径较雌花小,平均每花的花药数在 47 个,发芽率 97%,具有较强的授粉能力和亲和力,合理养护可增加单果重量,提高坐果率,改善果实品质。

图 14　软枣猕猴桃——佳园雄性系 X-1

十四、丹阳(LD 133)

丹阳(LD 133)是辽宁省丹东市宽甸满族自治县农民 2000 年从野生种质资源选出的农家品种(图 15)。平均单果重 18.0 g,最大单果重 30.0 g,果实卵圆形,果皮绿色,表面光滑无毛,果肉多汁、细腻、酸甜适度,口感好。

图 15　软枣猕猴桃——丹阳(LD 133)

该品种树势生长旺盛,庭院栽培 10 年生树单株产量 50 kg 以上。抗逆性强,在绝对低温−38℃的地区栽培多年无冻害和严重病虫害。成熟期为 9 月末,属晚熟品种。

第三章

软枣猕猴桃栽培技术及丰产园建设

软枣猕猴桃由野生状态转变为大田栽培,需要选择适宜其生长发育的自然环境和气候条件,充分发挥自然条件优势和品种优势获得最大经济效益。种植前,选择合适的品种以及适宜的园地,是建立软枣猕猴桃商品基地长远之计。软枣猕猴桃在野生状态下一般是攀附在乔灌木上生长。人工栽培需要立架,以满足其生长发育的要求。建园后需要进行标准化栽培,从而达到产量高、品质好的果品。根据实际情况,结合软枣猕猴桃的栽培经验,制定规范化的软枣猕猴桃标准化栽培技术。

本章以冀北寒旱地区软枣猕猴桃为例,介绍软枣猕猴桃栽培技术及丰产园建设。

一、冀北寒旱地区软枣猕猴桃栽培技术

(一)品种选择

目前冀北寒旱地区的软枣猕猴桃主要品种为龙成二号(图16)和桓优1号(图17)。

图 16　龙成二号

图 17　桓优 1 号

(二)园地选择与建园

1.园地选择

结合当地气候条件和经济条件,因地制宜地制定切实可行的软枣猕猴桃种植规划,针对土壤的不良性状和障碍因素,采取相应的物理或化学措施,改善土壤理化性状,提高土壤肥力,以改善软枣猕猴桃果园的土壤环境。

第三章　软枣猕猴桃栽培技术及丰产园建设

软枣猕猴桃具有耐旱能力差、喜潮湿、怕干旱、不耐涝渍的习性,适宜温暖湿润的气候,一般年平均温度为 13～17 ℃为适。选择东西走向、平坡,且交通方便、水源充足的塘边地建园。建园采用高垅、宽行、浅沟,垅宽 2 m、行距 4 m、深 30 cm 的排水沟。秋季每穴施入 25 kg腐熟的羊粪,覆盖熟土厚度 20 cm 备用。软枣猕猴桃具有浅根性特点,有效土层厚度 50 cm 就可以满足其生长发育要求。采用高垅、宽行、浅沟整地和施腐熟的羊粪,保证园地土质肥沃、疏松透气、排水通畅、保水性好的特点。建园选址尽量考虑有便利的交通条件,气候适宜的地域。同时软枣猕猴桃在人工栽培条件下对土壤水分和空气湿度要求比较严格,建园选址要有可灌溉水源,为了防止水涝,园址地下水位要在1.2 m 以下,地势平坦,排水通畅,坡向以朝南、东南或东坡较好。如果没有合适的地段必须在低山、丘陵、坡地建园时,最好选用缓坡(图 18)。

图 18　软枣猕猴桃园地

软枣猕猴桃对土壤要求不严格,除了碱性的黏重土壤以外,基本都可以栽培,如红壤、黄壤、棕壤、黄沙壤、黑沙壤以及各种沙砾壤等均可。但以土层深厚、疏松、肥沃的沙壤土最理想。土层厚度 50 cm 以上,对园地土壤 pH 进行监测调整,通过硫黄粉或石灰粉调配,使园地土壤的pH 维持在 6.5～7.0,以满足软枣猕猴桃偏酸性土壤的生长特性。

软枣猕猴桃不耐寒,要将果园建立在气温较高、没有极度寒冷的地区,还需要考虑建园之后的排灌设施建设,然后根据选址的位置、土壤肥沃程度、水源等因素对果园的布局进行合理的规划。合理控制栽培密度,规划设置园内的行走道,便于后期的管理与采收,有条件的可以铺设一套滴灌系统,为其提供充足的水分。

2.建园

选择坡度在 25°左右地带建园。因地制宜地将全园划分为若干作业区,大小因地形、地势、自然条件而异(图 19)。

图 19 软枣猕猴桃果园

栽植密度为 4 m×4 m,42 株/亩,便于后期机械化操作管理。栽植时采取 8∶1 的雌雄树配比,即 1 行雄株 8 行雌株的搭配模式,此模式有利于修枝和授粉管理。

风害较大的地区,在主迎风面应建设防风林。防风林距软枣猕猴桃栽植行 5～6 m,栽植 2 排,行距 1.0～1.5 m,株距 1 m,成对角线方式栽植,树高 10～15 m,以乔木为主。

3.土壤改良

经过细致整地,有利于促进果树生长。全面清理园地上的杂草、树,然后测出一条基本等高线,根据山地坡度和软枣猕猴桃栽植的行距,按一定的梯距在基线上确定基本点并划出第一梯线,坡度在 25°以下的坡地,梯宽 3～4 m;25°以上的坡地,梯宽 2～3 m。依次向上或向下用同样的方法测定等高线。开梯筑台,先沿等高线筑好地基,砌好边坎,填平梯面,内沿挖通排水沟。平地建园应全部深翻 60 cm,按 3～4 m 的行距放线垒厢,厢面高出原地平面 20～40 cm。

改良土壤酸碱性。常用的改良剂有石灰、石膏、磷石膏、氯化钙、硫酸亚铁、腐殖酸钙等。对盐碱化土壤需施用石膏、磷石膏等以钙离子交换出土壤胶体表面的钠离子,降低土壤 pH。对酸性土壤,则需施用石灰性物质。

果园种植前土壤深翻,增施有机肥,改良贫瘠土壤、客土、漫沙、漫淤等,改良过沙过黏土壤,从而改变土壤肥力(图 20)。

图 20 软枣猕猴桃果园土壤改良

(三)软枣猕猴桃定植前的准备工作

土壤消毒。用 50％多菌灵、25％农用青霉素 1 000 倍液混合液浇灌种植穴,防止根腐病。

修根。剪除幼苗受伤的根系(图 21),同时对太长、太密的根系进行适当疏除、短截,并解除嫁接苗接口位置的塑料薄膜。

修枝。正常情况下,主干高度保留 15 cm 左右,其余部分剪掉。

浸泡。用生根粉、多菌灵、农用青霉素、阿维菌素几种药剂兑水

图 21　软枣猕猴桃定植前修根

2 000 倍浸根 30 min,促进生根,同时消毒。

　　定植。为使苗木根系舒展,填入少量细土,之后轻轻提苗,填土压实后灌足定根水,插好牵引杆。苗木栽植前布好滴灌管,滴灌管高度以 60～120 cm 为宜,管上安装滴头。

　　棚架搭建。采用平棚架式(图 22),高 2.0 m,株行距 4 m×4 m,水泥柱规格 10 cm×10 cm,长 2.4 m,主丝(十字)用 0.8 cm 直径的镀锌钢丝,每行用 4 根 0.6 cm 直径镀锌钢丝托起猕猴桃结果枝;外围用 3 m 长、规格 10 cm×10 cm 的水泥柱做成 45°～60°的斜拉杆,外框拉丝用 7～9 股镀锌钢丝绳,每根斜拉杆用地锚固定。棚架搭建时间最好在苗木定植前,以免伤苗。

(四)苗木的培育

1.砧木
使用美味猕猴桃或中华猕猴桃作砧木(图 23)。一般选择野生软枣猕猴桃种子播种,其抗病力强,不容易发生根部病害。

2.苗木品种
选抗病力强、品质好、商品性好的品种,即品种纯正、无严重病虫

图22　软枣猕猴桃棚架搭建

图23　软枣猕猴桃砧木

害、生长健壮的嫁接苗。

3.雌雄株搭配

软枣猕猴桃为雌雄异株植物,雌株和雄株的搭配比例为(6～9):1。可以采取雌株和雄株按照比例间隔种植,也可以将雄株相对集中种植。因软枣猕猴桃雄花缺乏花蜜,昆虫采花蜜积极性不高,自然授粉率低,要取得好的产量,就要进行人工授粉。雄株相对集中,方便采集花粉进行人工授粉。

同时,软枣猕猴桃品种开花期不完全一致,选择雄株时花期应与相应品种的花期吻合。

4.栽植距离

株距 2.5～3.5 m,行距 2～3 m,每亩 90～100 株。

5.栽植时期

软枣猕猴桃最佳定植时间为 4 月上旬至 5 月上旬。

6.定植方法

挖开表土,使窝心成"凸"状,将苗的根系分开斜向下,平分在窝心周围,回填细土,踩紧土壤,浇足定根水,用秸秆或黑色薄膜覆盖幼苗。

7.嫁接

软枣猕猴桃嫁接最佳时间为 2～3 月,即伤流期前,嫁接方法采用劈接法(图 24),简单实用,嫁接成活后注意后期管理,包括抹芽、追肥、打顶及去膜等。

图 24 软枣猕猴桃嫁接

(五)搭架

软枣猕猴桃在野生状态下,一般是攀附在乔灌木上生长。人工栽培需要立架,以满足其生长发育的要求。软枣猕猴桃常采用"T"形架和大棚架。

1."T"形架

沿行每隔 5~6 m 栽植一个立柱,立柱为 9 cm×9 cm 正方形水泥柱,立柱全长 2.5 m,地上部分长 1.8 m,地下部分长 0.7 m,横梁 2 m,横梁上顺行架设 5 道 12♯(直径 3 mm)防锈铅丝,每行末端立柱外 2.0 m 处设一处地锚拉线,地锚体积不小于 0.06 m³,埋置深度 100 cm 以上(图 25)。

图 25　软枣猕猴桃"T"形架

2.大棚架

立柱的规格及栽植密度同"T"形架,顺横行在立柱顶端架设三角铁,在三角铁上每隔 50~60 m 顺行架设一道 12♯防锈铅丝,每竖行末端立柱外 2.0 m 处设一地锚拉线,埋置规格及深度同"T"形架。

（六）果园管理

土壤是软枣猕猴桃生长与结果的基础，加强土壤中耕、深耕、锄草，使土壤具备深厚、疏松、肥沃的特点，可增强土壤的透气性、透水性，增加土壤有机质，满足软枣猕猴桃根系生长发育要求。

软枣猕猴桃栽培最关键的技术就是花果管理。果树要想获得高品质的产品，从花蕾展露期开始进入管理关键时期，管理直接决定当年的产量和质量。

1. 疏花疏果

软枣猕猴桃坐果率高，没有生理落果现象，结果期时要及时去除劣果、小果，保证果实的养分供应，避免果实品质下降和形成大小年现象。一要及时疏花。从花蕾期开始疏去弱小蕾、畸形蕾、带病花，疏蕾比疏果的效果好，但留果量不好掌握（图 26）。二要及时疏果。疏果期应在谢花后 2 周内完成，疏果的原则是大果形软枣猕猴桃每叶留 1 个果，小果形软枣猕猴桃每叶留 2 个果，依据枝条的留叶数确定留果数，按 1：1 的叶果比定量留果。

图 26　软枣猕猴桃花蕾

2.加强授粉

软枣猕猴桃果实的大小与授粉质量有关。授粉好的果实种子量大,单果重就大,果形美观、端正,故加强软枣猕猴桃授粉,是提高果实品质的一项关键措施。采用花期放蜂措施可以很好地促进其授粉成功。在其花蕾10％时放蜂,放蜂前需对蜜蜂进行定向诱导,晚上关闭蜂箱门,人工饲喂2 d(即在蜂箱蜜蜂食盆中放入糖水并加入软枣猕猴桃的雄花和雌花饲喂蜜蜂,2 d后打开蜂箱门即可),利用蜜蜂的定向取食活动授粉,每15亩园地放入2笼蜂箱。

3.幼果管理

主要防治白粉病、叶斑病、根腐病。

白粉病发病初期(6～8月):用25％粉锈宁2 000倍液,50％甲基托布津可湿性粉剂800倍液,交替使用,每隔7～10 d喷1次,连喷2次。

叶斑病预防(6～8月):一是加强果园管理,清沟排水,增施有机肥,适时修剪,清除病残体;二是采用化学防治,在发病初期,用50％多菌灵500倍液,代森锰锌500倍液,交替使用,隔7～10 d喷1次,连喷2～3次。

根腐病防治(12月至翌年3月):冬季落叶后萌芽前全株喷施多菌灵加春雷霉素保护树体,2周后再喷1次。

(七)树盘管理

1.防除杂草

杂草与果树争肥,影响田间通风通气。树盘管理需要松土除草,经常保持土壤疏松、无杂草,可减少土壤水分蒸发。避免树盘内杂草丛生,坚持"除早、除小、除了"的原则,掌握好适宜的深度,不要损伤果树根系。目前,农村劳动力价格上涨,用除草剂除草时,先用塑料膜将软枣猕猴桃树干基部包住,再喷除草剂,以防除草剂伤害软枣猕猴桃(图27)。

图 27　软枣猕猴桃防除杂草

2. 施肥

以果园的树龄大小及结果量、土壤条件等确定施肥量。

一般中等肥力的土壤，幼龄树（1～3 年生），每亩施有机肥 300～500 kg；无机肥，纯氮 8～12 kg，纯磷（以五氧化二磷计，下同）6～11 kg，纯钾（以氧化钾计，下同）7～14 kg。成年树（4 年生以上），每亩施有机肥 500～800 kg；无机肥，纯氮 14～20 kg，纯磷 12～16 kg，纯钾 14～18 kg。

基肥掌握在果实采收后秋季到落叶前（10～12 月，因不同品种采收期不同，基本上 8 月底至 9 月下旬），以有机肥为主。有机肥施用量占全年施用量的 80%，无机肥施用量占全年的 30%。施基肥方法：结合深翻改土、培厢，顺厢施入，沟宽 30～40 cm，深度约 40 cm，逐年向外扩展，直至全园深翻成厢；以后改用环状施肥法，结合松土，浅挖 10～15 cm 施入。

促芽肥（追肥）掌握在萌芽前 1～2 周，无机肥施用量占全年的 30%，结合施用有机肥。施追肥方法：幼年树在离树主干 50 cm 处，挖沟 10～20 cm 施入；成年树，采用环状沟施肥或轮流方向施肥，挖沟深度为 5～20 cm，离树主干 100 cm。由于猕猴桃是浅根性植物，也可以采用有机肥和无机肥混匀撒施在畦面(图 28)。

图 28　软枣猕猴桃施肥撒施

叶面追肥掌握在授粉 15 d 后,喷施叶面肥,可喷施 300 倍氨基酸复合微肥,以 0.3%～0.4%的磷酸二氢钾、尿素等为主配制光合微肥。以后每隔 20 d 左右追肥 1 次,连喷 3～5 次。

壮果肥一般掌握在幼果第一次停止生长后,即谢花后一个月内(5～6 月)施入。此期正值根系第二次生长高峰及幼果迅速膨大期,果实的生长也主要在此段时期内,其增重比例几乎占整个果重的 80%,因此必须重施壮果肥,同时结合多次叶面追肥。壮果肥宜以磷、钾为主的复合肥,可株施复合肥 1～1.5 kg 或腐熟枯饼 1 kg＋氯化钾肥 0.5～1 kg。壮果肥无机肥施用量占全年的 40%,采用环状沟施肥或轮流方向施肥,挖入深度为 5～20 cm,离树主干 100 cm。对于已封行的成年园,由于根系已布满全园,故宜结合中耕进行全园普施(撒施),在土壤湿润时施入或施后灌水。根据土壤状况适当添加一些微量元素,一般是加强施肥次数,每次施放的肥料和水的配比为 3‰～5‰;有滴灌供水系统可以进行水肥一体化施法,可以在幼果期适当与叶面喷施相结合。

3.灌溉与排水

软枣猕猴桃本身喜温暖潮湿,又怕旱怕涝,故在生产过程中,水分控制是非常重要的。

（1）灌水　果树最适宜的土壤田间最大持水量为 60％～80％。结合软枣猕猴桃需水特点,要在其果实膨大期、果实成熟期和冬季实施灌水(图 29)。其形态指标为上午 10 时左右叶片干燥萎蔫或连续高温 7 d,必须灌水。果实膨大期气温上升迅速,枝蔓生长量大,叶片蒸发量大,为软枣猕猴桃需水高峰期。果实成熟期气温开始下降,秋雨增多,此期应控制灌水,若遇连阴雨天,还应及时排水,以保证果实品质。冬季灌水并非软枣猕猴桃生长所需,而是为防寒保墒而灌水。灌水方式采用滴灌,利用田间埋好的滴灌管道,直接把水送到根部,一般结合施肥、施药同步灌溉;灌水量的大小由田间持水量决定,一般每亩每次灌水量控制在 1～2 t。

图 29　软枣猕猴桃灌水

（2）排水　软枣猕猴桃根系浅,对水敏感,一旦积水过多,就会导致土壤透气性差,氧气不足,根系呼吸困难,产生大量还原物质毒害根系,造成烂根死树。因此建议种植单位采用高垄、宽沟建园,在水分过多时地表水可以通过排水沟排走(图 30)。

土壤湿度保持在田间最大持水量的 70％～80％为宜,低于 65％时应给水,高于 90％时应注意排水。灌水方式采用沟灌,推广使用滴灌或喷灌的方式。修建排水沟,主排水沟深 60～70 cm,支排水沟深 30～

40 cm,雨后果园应注意及时排水。

图 30 软枣猕猴桃排水沟

(八)避雨遮阳和越冬管理

1.避雨遮阳

软枣猕猴桃最适宜的生长温度为 20～28℃,湿度为 50％～90％,在温度高于 35℃地区引种栽培,避雨和遮阳是关键技术。特别在软枣猕猴桃生长的关键时期,如果遭遇持续阴雨天气,就会导致授粉困难、病虫害增加,严重影响果实的产量和品质。在高温强日照的夏季要用遮阳网为软枣猕猴桃树遮阳(图 31),并对果园进行覆草栽培,改善果

图 31 搭建避雨遮阳大棚

园小气候,降低地表温度。采用稻草覆盖根盘蓄水保墒能增加土壤有机质,改善土壤结构,提高土壤肥力。

2.越冬管理

软枣猕猴桃树体怕冻,易受倒春寒的影响,建议采用以下措施预防:进入9月果实收完后,控制土壤水分,增施一遍磷钾肥,促进枝条尽早结束营养生长,延长有机物质积累,提高枝蔓木质化程度,增强耐寒能力。12月至翌年2月,用硫黄粉、生石灰、食盐、水混合(比例是1∶1∶5∶20)涂白;利用作物秸秆、稻草等铺盖根盘,厚度25 cm以上;上冻前灌1次封冻水。

(九)整形修剪

1.整形

采用单主干上架,在主干上接近架面20 cm的部位留两个主蔓,分别沿中心铁丝两侧伸展,培养成为永久的蔓,主蔓的两侧每隔20～30 cm留一结果母枝,结果母枝与行向呈直角固定在架面上(图32)。

图32 软枣猕猴桃的合理树形

2.修剪

(1)冬季修剪　结果母枝选留。结果母枝优先选留生长强壮的发育枝和结果枝(图33),其次选留生长中的枝条,在缺乏枝条时可适量选留短枝填空;留结果母枝时尽量选用距主蔓较近的枝条,选留的枝条根据生长状况修剪至饱满芽处。

图33　软枣猕猴桃冬季修剪

更新修剪。尽量选留从原结果母枝基部发出的或直接着生在蔓上的枝条作结果母枝,将前一年的结果母枝回缩到更新枝位附近或完全疏除掉。每年要将全树至少1/2以上的结果母枝进行更新,两年内全部更新一遍。

培养预备枝。未留作结果母枝的枝条,如果着生位置靠近主蔓,剪留2～3芽为下年培养更新枝,其他枝条全部疏除。

留芽数量。修剪完毕后的结果母枝需保留一定的有效芽数,因品种的不同有一定的差异,有效芽数为30～45个/m^2,所留的结果母枝均匀地分散开,并固定在架面上。

(2)夏季修剪　软枣猕猴桃的夏季修剪一般在4～8月多次进行。通过除萌、抹芽、摘心、疏花疏果、绑缚新梢等,使枝条进行合理地生长,并减少冬季修剪量。

抹芽。从萌芽期开始抹除着生位置不当的芽。一般主干上萌发的潜伏芽均应疏除,但着生在主蔓上可培养作为下年更新枝的芽应根据需要保留。

疏枝。当新梢上花序开始出现后应及时疏除细弱枝、过密枝、病虫枝、双芽枝及不能用作下年更新枝的徒长枝等。结果母枝上每隔15～20 cm保留一个结果枝,每平方米架面保留正常结果枝3～4根。

引绑新梢。对初种幼树,用竹竿立在树旁,用绳引绑。成年树引绑,新梢长到30～40 cm时开始绑蔓,半木质化才能进行绑缚,绑缚过早容易折断新梢。为防止枝梢被磨伤,绑扣应呈"∞"形,使新梢在架面上分布均匀,每隔2～3周全园检查、绑缚一遍。

摘心。开花前对强旺的结果枝、发育枝轻摘心,摘心后如果发出二次芽,在顶端只保留一个,其余全部抹除,对开始缠绕的枝条全部摘心。

雄株的修剪。雄树树冠较雌树树冠大,且通过修剪整形雌树主蔓通常分枝分布有序,而雄树枝条较多,比较零乱,分布无序,雄花没有柱头,雌花有柱头且比较饱满。

雄树开花后养分消耗极大,树势衰弱,通过对雄树的修剪保持树体合理的骨架,使枝蔓分布均匀,保持良好的通风透光条件,缓解营养生长和生殖生长的矛盾,让雄树早发新梢壮梢,保证来年开出更多更好的雄花,且通过雄树的修剪腾出足够空间,不影响雌树的生长。

修剪原则。一般以谢花后15 d内修剪为宜,以回缩树冠避免雄树与雌树争抢生长空间,同时通过修剪使树体养分集中供给,促发健壮新梢。

修剪方法及要点:

修剪。以回缩修剪为主,每枝开花母蔓留30～50 cm短截。

疏枝。把重叠枝、细弱枝及过密枝从基部剪除,所留枝距30 cm左右为宜。

施肥。修剪后要及时灌水、灌肥,肥料主要以硼肥、氮肥为主,配施钾肥,加强田间栽培管理促发新梢。

3. 苗木修剪

整形与修剪的主要目的是抑制软枣猕猴桃正常生长时的顶端优势,平放枝条,缓和树势。同时整形与修剪使软枣猕猴桃的枝条缓慢生长、积累有机物质,早日形成花芽,快速形成众多结果母枝,进入盛果期。

夏剪以摘心、扭枝、抹芽为主,当新梢达到 80～100 cm 时,掐尖以防徒长;在夏季软枣猕猴桃生长过程中要不断采取抹芽、摘心、梳枝、引蔓等技术措施,让枝蔓交错排列,均匀分布。

冬剪以培养骨架枝组、调整完善树体结构、培养结果枝组为主。尽可能保留春天萌发的枝条,不留夏梢和秋梢,仅保留延长枝。冬剪在冬季树叶落完开始至来年早春树液流动前 2 周内进行,过晚会引起大量树液从剪口处流出,引发"伤流"现象,造成树体贮存的养分流失,伤口不易愈合,从而削弱树势,降低果实的品质和产量。

通过夏冬两个季节修剪,营造软枣猕猴桃良好的生长空间,使其疏密度合理、主干完整、结果枝分布均匀,充分调节树体叶面光合效率以及果实养分的合理分配,改善树冠内的通风透光条件,减少病虫害。

(十)疏蕾(花)授粉

1. 疏蕾(花)

疏蕾好于疏花,疏花优于疏果。

原则:根据结果枝的强弱保留花蕾数量,强壮的长果枝留 5～6 个花蕾,中庸的结果枝留 3～4 个花蕾,短果枝留 1～2 个花蕾。疏蕾(花)时,先疏枝基部,后疏枝先端,留下枝中部,对于"龙成二号"等品种应留中心蕾(花),疏去侧蕾(花)(图34)。

时间:侧花蕾分离后 2 周左右或是授粉前 1 周左右开始疏蕾。

花量控制:嫁接苗定植的当年就有部分植株开花结果,应及时将所有的花、果摘除,以利成活,促进树架形成。定植后 2～3 年的树,若长势和土壤肥力好,可开始少量挂果;土壤肥力差、植株长势弱的树,应继续培养树架,不宜挂果。定植 3～4 年以上的树,树架已基本形成,可正式投产。为确保长年稳产、高产及生产优质而整齐商品果,正确地疏花、疏果极为重要。疏蕾或疏花时,每亩留果 30 000～40 000 个,产量可达 1 000～1 500 kg,每亩留花蕾(花)40 000～50 000 朵,每一长结果枝留 8～10 朵,短结果枝留 4～6 朵。

图 34　疏花

2.授粉

蜜蜂授粉:当 50％的雌花开放时,每 15 亩果园放置活动旺盛的蜜蜂 5～7 箱,每箱中有不少于 3 万只生命力旺盛的蜜蜂。

人工授粉:(采集雄花)采集当天刚开放、花粉尚未散失的雄花,用雄花的雄蕊在雌花柱头上涂抹,在雄花刚准备开的时候(铃铛花)采集花朵最佳,每朵雄花可授 7～8 朵雌花,也可采集第二天将要开放的雄花;(爆花粉)取出雄花放入干燥箱,通常爆花粉的温度为 24～28℃待花粉干燥爆裂后即可使用,也可干燥 1～2 h,压爆雄蕊,收集散出的花粉于低温干燥处(温度 20～22℃,相对湿度 68％～71％)。(授粉)授粉时间周期为雌花盛开 1～2 d 内,用棉花或毛笔蘸上雄花粉在当天刚开放的雌花柱头上涂抹。

授粉后如遇大雨,需重新授粉,才能确保有较高的坐果率。每朵雄花可授 7～8 朵雌花,一般亩用雄花 300～500 朵;用几种雄花品种的花粉混合后对雌性品种花授粉,效果比用一种雄花的花粉好,坐果率可提高 5%～10%。

授粉可采用干粉点授,或用水授(一般是水配入花粉加一点白糖、硼肥),还可以配成花粉液用小喷雾器对着雌花喷洒。因开花时间不统一,有条件的话,间隔 2 d 再喷洒授粉 1 次。

3.疏果

花后 10 d 左右,疏去授粉受精不良的畸形果、扁平果、伤果、小果、病虫危害果等。通过疏畸形、虫斑、病斑和生长过多过密的果实,让果树有足够的养分保持猕猴桃良好的生长特性。

根据结果枝数、枝长和果实数及果树长势情况、结果枝长短强弱做出分析,确定所保留花数并做好相关记录。疏果因树势、品种而异,一般根据(4～6):1 的叶果比留果,疏去小果、畸形果、病虫果和伤果。

在叶腋上的 3 个果实,应当留主果,疏侧果;在结果枝上的果应疏基部的果,留中上部的果。短果枝留 1～2 个果,中果枝留 2～3 个果,长果枝留 3～5 个果。

4.套袋

通过软枣猕猴桃套袋技术应用,使猕猴桃能够避免日灼、摩擦伤害,减少病虫危害,保证果实色泽均衡,提高产品质量。

6月上中旬(生理落果结束后),套袋前应根据病虫害发生情况对果园全面喷药 1～2 次。喷药后及时选择生长健壮的果实进行套袋,应选用抗风吹雨淋、透气性好的专用纸袋。

套袋前一天晚上应将纸袋置于潮湿地方,使袋子软化,以利于扎紧袋口。套袋时注意用力要轻重适宜,方向始终向上,避免将扎丝缠在果柄上,要扎紧袋口。目的在于使幼果处于袋体中央,并在袋内悬空,防止袋体摩擦果面和避免雨水漏入、病菌入侵和纸袋被风吹落(图35)。

图 35　套袋

(十一)采收

1.采收指标

第一,测糖仪测试糖度达 6.5 左右;第二,用刀切开果实呈红色鲜艳,种子变黑;第三,开花到采摘时间为 130 d 左右。

2.采收方法

采收时采收者先剪指甲,戴手套,使用专用的软枣猕猴桃采收布袋。

采收过程中轻拿轻放避免刮伤和碰伤果实,装箱时尽量避免过度挤压。

(十二)贮藏

通过实验对比,得出软枣猕猴桃最佳保鲜温度为 0.5～1.0℃,软枣猕猴桃入库前要对冷库进行消毒,药剂选择高锰酸钾溶液,同时要注意分级放入冷库(图 36),通过科学的贮藏方法保证软枣猕猴桃品质,保鲜时间在 5 个月左右。

图 36 保鲜藏冷库外观

(十三)采后管理

冀北寒旱地区软枣猕猴桃一般在 9 月中旬采摘,到 11 月底才落叶,有个 2 多月的生长期,因此软枣猕猴桃果园采后施肥(基肥)修剪(冬季修剪)等技术对软枣猕猴桃高产稳产非常重要。

软枣猕猴桃冬季修剪在落叶后第 20 天至第二年冒芽前的休眠期进行,以 12 月底至翌年的 2 月底选择晴朗或阴天天气为宜,主要是剪掉生长不充实的徒长枝条和过密枝条,对衰老的结果母枝进行更新,结果枝在结果部位以上留 2~3 个芽短截,疏掉短果枝和短缩果枝。

二、丰产园建设

现在各地推广的软枣猕猴桃(俗称软枣子)品种(品系)全部是由野生种质资源中选出,经人工驯化后育出的优良品种,具有果实大、含糖量高、口味清香、丰产稳产、适合人工露天栽培的特点。从口味上分,有特甜型、甜型、甜酸型、酸型等;从耐贮性上分,有不耐贮、较耐贮、耐贮等;从主要用途分,有适合鲜食的、适合加工等;从果形上分,有长果形、圆果形等;从丰产性上分,有产量一般的、丰产的、特丰产之分等,形形色色、性状不一,因此选择品种时应根据自身的各项条件和栽培目的查阅相关资料或向专家咨询,选择适合栽植地立地条件和栽培目的的优良品种,避免造成重大损失。

(一)园址选择

园址(或栽植地)选择的正确与否直接影响到软枣猕猴桃栽培的产量和品质,正确选择园址是获得高产、优质、高效益的基础条件,要综合考虑本地条件和环境因素。

1.气候条件

软枣猕猴桃树抗寒性强,在野生状态下尚未发现冻害,适栽范围广。但在辽宁东部地区,露地人工栽培条件下幼苗阶段易受冻害,成龄树在特殊年份也会发生冻害,故在选择园址时,应考虑避开风口和冷气滞留地带,并避开冰雹易发地带。软枣猕猴桃喜湿润的环境,我国北方地区在 4~5 月易发生干旱以及年降雨量偏少地区(700 mm 以下),建园时应考虑水源条件和配套灌溉设施。

2.土壤条件

软枣猕猴桃为浅根性植物,土层厚度 50 cm 即可满足生长发育需要,适合于沙壤土,中性偏酸,pH 在 6.5~7.0 的沙壤土最好。

3.地势地形条件

软枣猕猴桃在平地、山地皆可种植。通过对东北野生软枣猕猴桃观察发现,在长白山地区海拔 1 000 m 以下山地皆有分布,南坡分布较少,阴坡虽分布较多但结果量少。山地栽培最好选择半阴半阳坡,以东朝阳最为理想。平地、沟壑、河边、房前屋后都是栽植软枣猕猴桃的好地方,因此应充分利用土地资源,在乡村振兴的大背景下发展软枣猕猴桃帮助农民增收致富。

4.社会条件

大面积发展软枣猕猴桃产业,社会条件也是必须考虑的因素,如交通运输条件、社会劳动力条件、物资供应条件、环境污染等。

(二)园地规划设计

软枣猕猴桃丰产园合理规划与设计是取得高产稳产、优质高效的基础,大中型软枣猕猴桃园的合理规划和科学设计可以很大程度上提高生产率,降低生产成本,减少自然灾害损失及周边农事活动的干扰,达到效益最大化。

1.总体布局

首先要画出园地平面图,对园地有一个直观的了解,在调查地势状况、土壤类型、土层厚度、水源位置等情况后进行合理布局,对全部设施进行布置,如道路、水塔工作房、看护房、库房、晾果场、堆粪场等,力争做到既方便生产,又方便生活。

2.小区划分

小区划分应从 3 个方面综合考虑,从方便机械化生产作业角度看,小区面积不应过小,每个小区可确定 25～30 亩南北狭长的形状,从栽培品种看,应考虑各品种成熟期的差别,是否配置授粉树等,两性花和单性花品种邻近带状布置,根据地势高低的不同划分为不同小区,方便灌溉及排水。

3.道路设计

园地内设置主道、支道、作业道,大型园主道宽度 5～6 m,支道 3～4 m,作业道 2～3 m;中型园主道 3～4 m,作业道 2～3 m,主道呈东西走向,支道呈南北走向,作业道在园地四周呈闭合状,道道相连呈网格状。

4.灌、排水系统

任何一个成规模的果园都要重点考虑灌、排水系统,软枣猕猴桃丰产园既不能旱又不能涝,必须及时进行灌溉和排涝,才能保证树体生育旺盛和丰产稳产。水塔应建在全园最高处,管道随干、支道路布置,降水量较多和空气湿润地区,通常只铺设滴灌系统就可以满足生产需要,特别干旱地区应考虑滴灌、喷灌双系统立体灌溉。

5.防风屏障

园地四周要栽植防风林带,防风林要选择枝叶茂密、株型不过高的大灌木或小乔木树种,林带宽度 0.8~1.0 m,树高控制在 3 m 左右,既不影响园内树体生长和结果,又能起到防风和阻隔周边除草剂伤害的作用。

(三)架式与栽植密度

不同的栽培架式直接影响到建园投资成本、单位面积产量和经营管理难易,各地农户和大中型软枣猕猴桃园要根据具体情况灵活选择。

棚架。架面宽 5 m 以上为大棚架,5 m 以下为小棚架,棚架优点是山区农村利用木架取材方便,价格较便宜,修剪技术要求相对简单些,产量高,缺点是树型培养较慢,但后期产量较其他架式大幅增加,联体棚架通风透光性较差,合理规划作业道,适合地规模化生产。

"T"形架。架面宽 2 m,单行水泥杆,建园费用低,管理、打药方便,通风透光好,产量稳定,果实质量好,但抗风能力稍差。

篱壁架。利用五味子园改建软枣猕猴桃园投资少,但因行间距窄,不适合机械化作业。篱壁架前期产量上升速度快,修剪、打药、采收方便,但后期产量上升空间小,苗木投资量较大。

棚架行距 4 m 或 4 m 以上,架面高度 1.8~2.0 m,"T"形架行距 4 m,架面高度 1.8~2.0 m,篱壁架行距 2.5~3.0 m,架高 2.0 m。

株行距及栽植密度。棚架 2 m×(4~5) m,每亩栽植株数 66~88株;"T"形架 2 m×4 m,每亩 83 株;篱壁架 2 m×(2.5~3.0) m,每亩111~133 株。

(四)栽植方法

由定植穴挖出的土,每穴施入优质腐熟有机肥 2.5 kg 拌匀,然后将其中一半回填到穴内,中央凸起呈馒头状,踩实,使离地面约 10 cm。把选好的苗木放入穴中央,根系向四周舒展开,把剩余的土打碎埋到根上,轻轻抖动,使根系与土壤密切接触。

(五)除草剂

凡含有 2.4-D 的除草剂一律禁止使用,其他除草剂只要不喷到叶面上,均不会产生明显的药害。新型除草剂必须先试验后再使用,以免造成不必要损失。

关于除草剂解毒剂的问题,到目前为止还没有研发出专用的除草剂解毒剂,但有的农药可以缓解除草剂的危害,如绿野、亿农乐等,使用前咨询具体的使用方法。

三、丰产园投资概算

依据软枣猕猴桃的生长特性,在栽植软枣猕猴桃的时候,可以根据本地的地理环境及资源选择不同的架式。架式不同,投资也应略有差别。

(一)以建 10 亩棚架为例,投资概算如下表所示

项目	明细规格	数量	单价	亩	总计
苗款	优质组培苗	83 株	20 元	10	16 600 元
架材水泥柱	(10~12)cm×2.5 m	35 根	17 元	10	5 950 元
拉线	主线 φ16 mm² 钢绞线	600 m/亩	0.8 元/m	10	4 800 元
	副线 12♯ 钢线	3 100 m/亩	0.14 元/m	10	4 340 元
滴灌管及泵	主管(φ40PE 管)	4 m/亩	4.6 元/m	10	184 元
	滴灌支管(φ20PE 管)	170 m/亩	0.48 元/m	10	816 元
	滴头	83 个/亩	0.2/个	10	166 元
	水泵:流量 10 m³	1 个	扬程:30 m		300 元

续表

项目	明细规格	数量	单价	亩	总计
建园人工费	立杆	5 元/根	35 根/亩	10	1 750 元
	拉线		200 元/亩	10	2 000 元
	铺设滴灌		30 元/亩	10	300 元
	整理地		100 元/亩	10	1 000 元
	栽苗	83 株/亩	1 元/株	10	830 元

合计:39 036 元

(二)以建 10 亩"T"形架为例,投资概算如下表所示

项目	明细规格	数量	单价	亩	总计
苗款	优质组培苗	83 株	20 元	10	16 600 元
架材水泥柱	(10~12)cm×2.5 m	35 根	17 元	10	5 950 元
横担	4 号角铁 3 线七字架	35 套	20 元	10	7 000 元
拉线	12# 钢线	1 300 m/亩	0.14 元/m	10	1 820 元
滴灌管及泵	主管(φ40PE 管)	4 m/亩	4.6 元/m	10	184 元
	滴灌支管(φ20PE 管)	170 m/亩	0.48 元/m	10	816 元
	滴头	83 个/亩	0.2/个	10	166 元
	水泵:流量 10 m³	1 个	扬程:30 m		300 元
建园人工费	立杆	5 元/根	35 根/亩	10	1 750 元
	拉线		30 元/亩	10	300 元
	铺设滴灌		30 元/亩	10	300 元
	整地		100/亩	10	1 000 元
	栽苗	83 株/亩	1 元/株	10	830 元

总合计:37 016 元

(三)效益计算

依据软枣猕猴桃的生物学特性,组培苗栽植 3 年开始挂果,5 年进入盛果期,果龄可达 30～40 年。栽植当年,生产直接投入(含施肥、打药、除草、灌溉及人工费)约 5 000 元,土地租金约 5 000 元,折旧费约 4 000 元,共计 1.4 万。第二年,生产直接投入约 7 000 元,土地租金约 5 000 元,折旧费约 4 000 元,共计 1.6 万元。第三年,平均亩产 300 kg,园产 3 000 kg,按批发价 5 元/kg,收入 1.5 万元,生产直接投入 1.8 万元。第四年,平均亩产 800 kg,园产 8 000 kg,按批发价 5 元/kg,收入 4 万元,生产直接投入 2 万元。第五年,进入盛果期,平均亩产 2 000 kg,园产 20 000 kg,按批发价 5 元/kg,收入 10 万元,生产直接投入土地租金及折旧共计 2.5 万元,净利润 7.5 万元。按生产周期 15 年计,净利润 $7.5 \times 15 = 112.5$ 万元。

第四章

软枣猕猴桃病虫害及防治方法

一、软枣猕猴桃虫害及防治

(一)叶螨

叶螨属蛛形纲蜱螨目叶螨科害虫,具有分布广、食性杂的特点,危害植物达 110 种。二斑叶螨、朱砂叶螨、卵形叶螨等多种叶螨均会危害软枣猕猴桃的生长,造成软枣猕猴桃叶片发黄或提早落叶(图 37 至图 39)。

图 37　软枣猕猴桃虫害——卵形叶螨

图38 软枣猕猴桃虫害——二斑叶螨

图39 软枣猕猴桃虫害——朱砂叶螨

1.危害症状

成、若、幼螨均能危害植物,常附于芽、嫩梢、花、叶背和幼果上,刺吸植物的汁液,使被害部位产生黄白色到灰白色失绿斑点,危害严重时造成叶片枯黄,早期出现落叶现象,不仅造成减产,还会影响花芽分化形成,使第二年产量大幅度下降。

2.形态特征

卵:圆形,直径 0.13 mm,初为白色,后为黄白色。

幼螨:足 3 对,体圆形黄白色,取食后体色暗绿(图 40)。

若螨:足 4 对,体椭圆形,两侧有暗斑纹。

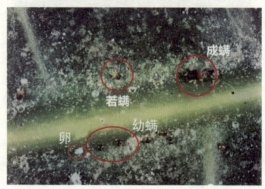

图 40　叶螨的卵、幼螨、成螨

成螨:雌螨体长 0.4～0.6 mm,朱红色或锈红色,体背两侧有黑斑,雄螨体长 0.3～0.41 mm,略呈棱形,淡黄色或橙黄色(图 41)。

图 41　软枣猕猴桃树上的成螨

3.发生规律

一年发生代数因地而异,通常 10～15 代,其成螨、若螨和卵在树皮缝隙及干基周围土壤缝内越冬,翌年春季气温升高到 7℃以上时开始活动取食,7—8月高温时为害严重,气温在 30℃以上时,5 d 左右即可繁殖一代。

4.防治方法

(1)生物防治　保护其天敌,如瓢虫、草蛉等,尽量减少杀虫剂的使用,当叶平均 5 头叶螨时再进行选择性防治。

(2)化学防治　花前是防治叶螨的最佳时机,可选用 0.3～0.5 波美度石硫合剂,10%联苯菌醋乳油 6 000～8 000 倍液,螨危 4 000～5 000 倍液和阿维菌素,均能取得理想的防治效果。

(二)金龟子

金龟子是鞘翅目金龟总科的通称,危害软枣猕猴桃的金龟子主要有茶色金龟子、小青花金龟子、小绿金龟子、白星金龟子、斑喙丽金龟子、黑绿金龟子、华北大黑金龟子、无斑弧丽金龟子、苹毛丽金龟子、中华弧丽金龟子、铜绿金龟子等,以铜绿金龟子最为常见。幼虫生活在土壤中,主要危害猕猴桃树的根部;成虫危害软枣猕猴桃的叶、花蕾、幼果和嫩梢(图 42 至图 50)。

图 42　软枣猕猴桃虫害
——铜绿金龟子

图 43　软枣猕猴桃虫害
——苹毛丽金龟子

图44　软枣猕猴桃虫害
——茶色金龟子

图45　软枣猕猴桃虫害
——小青花金龟子

图46　软枣猕猴桃虫害
——小绿金龟子

图47　软枣猕猴桃虫害
——白星金龟子

图48　软枣猕猴桃虫害
——斑喙丽金龟子

图49　软枣猕猴桃虫害
——华北大黑金龟子

图 50　软枣猕猴桃虫害——中华弧丽金龟子

1.危害症状

危害叶片和根部,成虫将叶片取食为缺刻状,幼虫为害植物的根部,表现叶片变黄、枯萎或者死亡。

2.形态特征

卵:近球形,初为乳白色,后为淡黄色,表面平滑。

幼虫:长约 40 mm,头黄褐色近圆形,全身乳白色,身体弯曲近"C"形(图 51)。

图 51　金龟子幼虫

蛹:裸蛹,椭圆形,初为白色,后为土黄色(图52)。

成虫:体长 19～22 mm,宽 9～10 mm,体背铜绿色,有金属光泽。

图52　金龟子卵、幼虫、蛹和成虫

3.发生规律

每年发生 1 代,以 3 龄幼虫在土内越冬,翌年春季越冬幼虫开始向土壤表层移动,取食软枣猕猴桃根系,5 月中下旬化蛹,6 月成虫出土为害叶片,危害期约 40 d,6 月中下旬成虫产卵于树下土壤内,每次产卵 20～30 粒,7 月出现新的幼虫,取食植物根部,10 月上中旬幼虫下潜越冬。成虫有趋光性和假死性。

4.防治方法

(1)人工捕杀　金龟子成虫具有假死习性,集中在傍晚、黎明时为害。取簸箕接在下面,抓住上部枝蔓抖动,成虫就会掉落下来,收集到容器内集中将其杀死或喂鸭。

(2)灯光诱杀　利用金龟子有趋光性的特点,在软枣猕猴桃园内安装诱虫灯诱杀成虫。

(3)幼虫取食期,向苗根周围浇灌西维因+氯氰菊酯 800～1 000 倍液,氯氟氰菊酯 2 000 倍液,成虫出土前向地面撒施毒土并翻入地下 20 cm 毒杀,成虫取食期喷布 50% 马拉硫磷 1 000～2 000 倍液,75% 辛硫磷,25% 西维因 800～1 000 倍液。

(4)在金龟子为害严重的果园,按每亩果园用 2.5 kg 白僵菌粉拌湿土 70 kg 混匀在树盘周围开穴或挖沟施入土中,消灭金龟子幼虫。

(三)蛾类

为害软枣猕猴桃的鳞翅目害虫较多,包括苹果小卷蛾、桃白小卷蛾、青斑长翅小卷蛾、枣镰翅小卷蛾、角纹小卷蛾、核桃缀叶螟、美国白蛾、柳扁蝠蛾、小蠹、斜纹夜蛾、小地老虎、豆天蛾、枣核六点天蛾、鸟嘴夜蛾和枯叶夜蛾等(图 53 至图 66)。为害方式包括食叶、卷叶、蛀干、蛀果等,鸟嘴夜蛾和枯叶夜蛾成虫在果实的近成熟期以口器吸食果汁,刺孔处的果皮变黄、凹陷并流出胶汁,伤口附近软腐,随后成为水渍状斑块,导致整个果实腐烂。

图 53　软枣猕猴桃虫害——蝙蝠蛾　　图 54　软枣猕猴桃虫害——苹果小卷蛾

图 55 软枣猕猴桃虫害
——桃白小卷蛾

图 56 软枣猕猴桃虫害
——青斑长翅小卷蛾

图 57 软枣猕猴桃虫害
——枣镰翅小卷蛾

图 58 软枣猕猴桃虫害
——美国白蛾

图 59 软枣猕猴桃虫害
——柳蝙蝠蛾

图 60 软枣猕猴桃虫害
——小蠹蛾

图 61 软枣猕猴桃虫害
——斜纹夜蛾

图 62 软枣猕猴桃虫害
——小地老虎

图 63 软枣猕猴桃虫害
——豆天蛾

图 64 软枣猕猴桃虫害
——枣核六点天蛾

图 65 软枣猕猴桃虫害
——鸟嘴夜蛾

图 66 软枣猕猴桃虫害
——枯叶夜蛾

1.危害症状

以幼虫为害枝干,将土质部表层蛀成环形纹道导致受害枝条衰弱,易风折,为害严重时枝条枯死。幼虫在枝干上啃一横沟后向髓心蛀入。为害位置多在树干基部 50 cm 左右和主枝基部,蛀入时将木屑送出,粘在丝网上掩住洞口,虫道多从髓心向下延伸,有时可达地下根部。

2.形态特征

卵:球形,直径 0.6～0.7 mm,黑色。

幼虫:体长 50～80 mm,头部脱后为红褐色,以后变为深褐色,体乳白色,圆筒形,具有黄褐色瘤状突起(图 67)。

蛹:圆桶形,黄褐色,头部黄褐色,中央隆起。

成虫:体长 32～44 mm,翅展 61～72 mm,体色粉褐至茶褐色,触角短绒状。前翅缘有 7 个半环斑纹,翅中央有一个深色暗绿三角斑,外缘有模糊的褐色弧形斑,后翅小,暗褐色(图 68)。

图 67 蝙蝠蛾幼虫

图 68 蝙蝠蛾卵、幼虫、蛹和成虫的转变

3.发生规律

地面幼虫在枝干髓部越冬,卵翌年 4 月孵化,5 月开始为害,7 月化蛹,7 月下旬到 8 月下旬化成成虫,羽化的成虫开始交尾产卵,卵产在树下地面,每次产卵 2 000～3 000 粒。

有一种小卷蛾幼虫常隐藏在两个软枣猕猴桃果实紧靠处,咬食软枣猕猴桃果皮,造成软枣猕猴桃果实表面不光滑,对果实的外观和品质都有很大的不良影响。

4.防治方法

(1)人工套袋　防止软枣猕猴桃果实靠在一起。

(2)农业防治　加强果园管理,调节通风透光条件,清理果园四周杂树以减少虫源。

(3)化学防治　初龄幼虫活动期应及时向地面和干基喷洒 10% 氯氰菊酯 2 000 倍液、50% 辛硫磷 1 000 倍液;中龄幼虫蛀入树干后用 50% 敌敌畏 50 倍液、4.5% 高效氯氰菊酯 200 倍液,蘸棉塞塞住洞口杀死幼虫。

(四)蝽象类

灰匙同蝽属半翅目,同蝽科,别名桦慈蝽,喜群聚花序处,有时数量极大,可造成灾害(图 69)。

包括紫蓝曼蝽、稻棘缘蝽、麻皮蝽、二星蝽、广二星蝽、斑须蝽、小长蝽、菜蝽等(图 70 至图 76)。以口器刺吸软枣猕猴桃汁液,导致软枣猕猴桃生长不良、发黄,严重可导致萎蔫。

图 69　软枣猕猴桃虫害——臭屁虫　　图 70　软枣猕猴桃虫害——紫蓝曼蝽

图 71　软枣猕猴桃虫害——稻棘缘蝽

图 72　软枣猕猴桃虫害——麻皮蝽

图 73　软枣猕猴桃虫害——二星蝽

图 74　软枣猕猴桃虫害——广二星蝽

图 75　软枣猕猴桃虫害——小长蝽

图 76　软枣猕猴桃虫害——菜蝽

1.危害症状

蝽象类具有刺吸式口器,汲取软枣猕猴桃果实、嫩叶与嫩枝的汁液。叶片受害后出现失绿黄斑,幼果受害后局部细胞组织停止生长,形成干枯疤痕斑点,造成果实发育不正常,果实发育畸形。果肉被害处后期木栓化、变硬,导致品质下降不耐贮藏,果实受害严重时会提前脱落(图77)。

图77　受蝽象类病害的软枣猕猴桃

2.形态特征

成虫体长 6.5～8.5 mm,前胸背板宽 3.7～4.5 mm。椭圆形,灰棕或线红棕色,具明显粗黑刻点。头顶具黑色粗密刻点。触角黄褐色,复眼棕红,单眼红色,喙淡褐色。末端棕黑,延伸至中、后足基节之间,前胸背板近梯形,其后部中央明显隆起,前角无显著横齿,侧缘斜直,侧角钝圆,稍突出,棕红色,小盾片三角形,基角黄褐色略光滑,中区有宽弧形斑纹,此斑向基部颜色渐淡,界限不清,端部界限较明显,端角淡黄色。前翅稍超过腹端,革片基部色淡,有较细密刻点,端缘浅棕色。前翅膜片色淡、半透明。中胸隆脊显著呈片状,其前端钝圆,下端几乎平直,后端不达中部背面棕色,末端通常棕红色。侧接缘各节具黑色横带,各节后腹侧有斜刻纹。气门黑色。雄虫生殖节后缘中央有一束长缘毛,其背侧角各有一亚三角形绒毛区(图78)。

图 78　蝽象类的幼虫

3. 发生规律

东北地区一年发生 1～2 代,成虫多聚集在树皮缝隙等温暖处越冬。春季进行交配。较小的成虫先死亡,而雌虫经常附在卵和幼虫上进行保护,一段时间后才死亡。

4. 防治方法

(1)农业防治　冬季结合积肥清除枯枝、落叶,铲除杂草并及时将堆沤焚烧,可消灭部分越冬成虫,春、夏季节要特别注意除去园内或四周的寄生植物,减少转移危害。

(2)人工捕杀　可利用其生活习性采取相应措施予以杀灭。如利用其假死习性,于初期摇落或在早晨逐株、逐片打落杀死。越冬前在越冬场所附近大量群集时可集中捕杀,或在树干上束草诱集前来越冬的害虫,然后烧杀,也可以人工抹杀叶背卵块。

(3)药剂防治　一是利用趋避剂。5 月底以后可在果园悬挂驱避剂驱蝽王,每亩可悬挂 40～60 支。二是喷药杀虫。在若虫盛发期用 2.5% 乳油或 4.5% 高效氯氟氰菊酯水乳剂 2 500 倍液,或 10% 氯氰菊酯乳油 1 500 倍液均匀喷雾。

（五）介壳虫

危害软枣猕猴桃的介壳虫有 13 种,分别是桑白蚧、考氏白盾蚧、狭口炎盾蚧、梨白蚧、长白蚧、草履蚧、柿长绵粉蚧、椰圆蚧、蛇眼蚧、龟蜡蚧、网纹绵蚧、桑虱、红蜡蚧等(图 79 至图 87)。以雌虫和若虫寄生在枝干和果实上,靠针刺吸食汁液,致使树势和萌芽率降低,严重者可导致整株树死亡,降低果实的产量和品质。

发生特点:冀北寒旱地区软枣猕猴桃的介壳虫以桑白蚧为主。大多集中危害软枣猕猴桃主干,每年 2～3 代,以成虫越冬,翌年 4 月中旬若虫孵化出来。

防治方法

(1)冬季清园用 3～5 波美度的石硫合剂喷洒树干、水泥架桩等,将越冬的介壳虫杀死。

(2)抓好第一代的防治,4 月中下旬用氟啶虫胺腈或毒死蜱 1 000～2 000 倍液喷洒防治。

(3)剪除介壳虫群聚的枝蔓,介壳虫通常移动范围较小,一个卵块孵化出来的若虫常集中在孵化点附近为害,时间长会形成部分枝蔓虫口密布,每年可在修剪时将严重的虫害枝蔓剪除。

(4)保护天敌,大红瓢虫是软枣猕猴桃园内介壳虫的主要天敌,注意保护好天敌,对于持续控制介壳虫有较好效果。

图 79 软枣猕猴桃虫害——桑白蚧

图 80 软枣猕猴桃虫害——考氏白盾蚧

图81　软枣猕猴桃虫害——长白蚧

图82　软枣猕猴桃虫害——草履蚧

图83　软枣猕猴桃虫害——柿长绵粉蚧

图84　软枣猕猴桃虫害——椰圆蚧

图85　软枣猕猴桃虫害——龟蜡蚧

图86　软枣猕猴桃虫害——网纹绵蚧

图 87　软枣猕猴桃虫害——红蜡蚧

(六)叶蝉类

叶蝉类包括桃一点斑叶蝉、双纹斑叶蝉、小绿叶蝉、猩红小绿叶蝉、蔷薇小绿叶蝉、黑尾叶蝉、褐盾短头叶蝉、褐臀匙头叶蝉等(图 88 至图 92),以口器刺吸软枣猕猴桃汁液,导致软枣猕猴桃生长不良、叶片发黄。

发生特点:小绿叶蝉食性杂,冀北寒旱地区软枣猕猴桃常受小绿叶蝉的危害,造成叶片发黄。

图 88　软枣猕猴桃虫害——小绿叶蝉

图 89　软枣猕猴桃虫害——
桃一点斑叶蝉

69

图90 软枣猕猴桃虫害——
黑尾叶蝉

图91 软枣猕猴桃虫害——
褐盾短头叶蝉

图92 软枣猕猴桃虫害——褐臀匙头叶蝉

防治方法：6月中旬若虫集中危害阶段，用20％溴氰菊酯2 000倍或5％马拉硫磷800倍液喷洒防治。

(七)灰巴蜗牛

灰巴蜗牛为软体动物名，柄眼目，巴蜗牛科(图93)，分布在我国东北、华北、华东、华南、华中、西南、西北等地区。田螺大小，壳质稍厚、坚固，呈圆球形。壳高19 mm、宽21 mm，有5.5～6个螺层，顶部螺层增长缓慢、略膨胀，是我国常见的为害农作物的陆生软体动物之一。

发生特点：喜潮湿，爬过的地方易留下一条银白色条带。杂食性，取食软枣猕猴桃叶片。

70

图93　软枣猕猴桃虫害——灰巴蜗牛

防治方法：

(1)人工清除。建园初期,蜗牛不多,发现后应及时人工捡除,集中杀死。

(2)用杀螺剂喷洒,水泥架桩注意一起喷施。

(八)叶甲类

叶甲类主要包括栗厚缘叶甲、黄守瓜、山楂莹叶甲、山楂花象甲、酸枣隐头叶甲、核桃果象甲、油茶蚤叶甲、光叶甲等(图94至图98)种类。对软枣猕猴桃有一定的危害。

发生特点:以危害瓜类为主,偶尔飞到软枣猕猴桃上取食软枣猕猴桃叶片。

防治方法:不在软枣猕猴桃园内或园边种植瓜类作物。

图94　软枣猕猴桃虫害——黄守瓜

图95　软枣猕猴桃虫害——山楂莹叶甲

71

图 96　软枣猕猴桃虫害——
酸枣隐头叶甲

图 97　软枣猕猴桃虫害——
核桃果象甲

图 98　软枣猕猴桃虫害——光叶甲

(九)葡萄肖叶甲

葡萄肖叶甲属鞘翅目,肖叶甲科,在我国主要分布于东北及内蒙古、宁夏、河北、山东、山西、河南等地,以幼虫和成虫为害软枣猕猴桃的叶片和果实(图99)。

1.形态特征

受害叶片呈条形孔洞,严重者呈罗网状;受害果实表面呈条形疤痕。成虫体态短粗,椭圆形,长 4.5～6.0 mm, 宽 2.6～3.5 mm,身体一般 完全黑色,具色型变异特点,体背密被白色平卧毛,触角 1～4 节棕黄或棕红,鞘翅基部明显宽于前胸。

图 99　软枣猕猴桃虫害——葡萄肖叶甲

2.发生规律

葡萄肖叶甲一年发生 1 代,以成虫和不同龄幼虫在软枣猕猴桃根附近土中越冬。成虫 4 月中旬出蛰,5 月中旬陆续出土为害软枣猕猴桃,1～2 周后开始产卵,卵成堆地产在枝蔓翘皮下,极个别产在叶片密接处或 1～2 cm 的表土中。以幼虫越冬的 6 月末始见成虫,7 月中旬至 8 月初达到危害高峰期。成虫多为夜晚取食为害,常在傍晚至 22:00 咬食最盛。取食后即在叶片间、叶面上或新梢上栖息不动或落地入土。成虫有假死习性,受惊即假死落地,具有 1 m 左右短距离迅速飞翔迁移力,有不同程度的趋光性,大风大雨天气活动能力低。

(十)象甲类

象甲类主要是大灰象甲取食软枣猕猴桃叶片(图 100),严重时会将叶片吃光。4—5 月发生危害。

1.形态特征

成虫体长 15～20 mm,体粉绿色,少数灰黑色或粉黄色,活动力强,爬行迅速,稍有惊动即假死落地(假死习性),卵椭圆形,黄白色。幼虫体长 15～17 mm,体肥多皱纹,乳白色,无足。蛹黄白色,长约 14 mm。

图 100　软枣猕猴桃虫害——大灰象

2.发生规律

一年发生 1 代,以老熟幼虫在软枣猕猴桃果园表土内越冬,翌年 4 月初开始陆续化蛹和成虫出土。盛发期为 4—7 月,8 月入土产卵,冬季仍有成虫为害。一般幼树比成龄树受害严重,近山边、树林边及杂草丛生的果树为害也严重。

3.防治方法

此类害虫均具假死性,故可进行人工捕捉。在树冠下铺垫塑料布,摇动果树,将掉下的成虫集中灭杀。在人工捕杀之前先将杂草清理干净,可不用铺塑料布,直接摇动果树,让成虫掉在地上后进行捕捉。结合果园冬、春耕作杀灭幼虫,每亩可用 95% 的巴丹 300 g 施于树冠下,然后翻松土壤。

药物防治。成虫抗药能力很强,在成虫盛发期用 90% 的敌百虫、50% 的敌敌畏 500 倍稀释液、90% 的巴丹、敌杀死、50% 的倍硫磷、50% 的马拉硫磷、50% 的辛硫 800～1 000 倍稀释液、10% 的天皇星乳油 3 000 倍稀释液、20% 的杀菊酯、10% 的联本菊酯加 0 倍稀释液喷杀,由于成虫有假死习性,故喷药时树冠和草丛下面的地面均要喷施,杀死成虫。

74

(十一)天牛类

天牛类具有咀嚼式口器,有很长的触角,常常超过身体的长度,全世界约有超过 20 000 种。其幼虫生活在木材中,可能对软枣猕猴桃造成危害。

大多数天牛是大型或中型的种类,体长在 15~50 mm。但亦有很大的如大山锯天牛,体长可达 110 mm,较小的如微小天牛,体长仅0.5 mm。同种个体之间有时大小差异也很大,如星天牛体长 19~39 mm,体宽 6~14 mm。

图 101 软枣猕猴桃虫害——天牛

1.形态特征

天牛幼虫呈淡黄或白色(图 101),天牛成虫虫体呈长圆筒形,体前端扩展成圆形,似头状,故俗名圆头钻木虫,上腭强壮,能钻入树内生活两年以上,破坏木材。化蛹前向外钻一孔道,在树内化蛹,新羽化的成虫经此孔道而出。三对足,两对翅。

成虫背部略扁,触角着生在额的突起(称触角基瘤)处,具有使触角自由转动和向后覆盖虫体背上的功能,爪通常呈单齿式,少数呈附齿式。除锯天牛类外,中胸背板常具发音器。幼虫体粗肥,呈长圆形,略扁,少数体细长。头呈横阔或长椭圆形,常缩入前胸,背板很深。

2.防治方法

(1)化学防治　清明节和秋分前后检查树体,发现有新鲜虫粪处,用铁丝掏净洞孔内的木屑状虫粪后,用脱脂棉蘸药塞入虫孔内,也可用注射器(不带针头)注入药液。常用药剂有 80% 敌敌畏乳油 5~10 倍液(蘸药)、20 倍液(注射),或 40% 乐果乳油 5 倍液(蘸药)、10 倍液(注射),用完药后封塞洞孔,还可在虫孔注入汽油杀灭天牛,根据虫龄注入 0.3~1 mL/孔,且用黏土密封虫孔及虫孔附近的洞口,清除地面木屑,以便检查防治效果。

用樟脑丸杀灭天牛,方法是将碾碎的樟脑丸粉末塞入虫孔,每孔用量 1/5~1/4 粒,也可将樟脑丸溶入酒精、汽油或柴油中用脱脂棉蘸后塞入穴中,或注射 0.3~1 mg/孔,再用黏土封上孔口。还可塞入 56% 磷化铝片剂 0.5~1 片/孔,随即用 2% 食盐水拌和的稀泥浆封住孔口,最后用薄膜缠捆,熏杀天牛。

天牛成虫出洞前,每隔 1 周在主枝、主干、根颈部喷 1 次 80% 敌敌畏乳油或 40% 乐果乳油 500 倍液,药液要喷透,以喷至沿树干流向根部为宜,防治效果可达 80%,以后再有针对性地刮杀卵和幼虫。此法消除了当发现树干有虫时,幼虫已蛀入皮层造成危害的弊端。

对已蛀入木质部的幼虫,可用金属丝插入每条蛀道,刺死幼虫,也可在新的排粪孔用棉球蘸 80% 敌敌畏乳油 100 倍液塞入,然后用湿泥堵塞虫孔。如有多个排粪孔,应选最后一个,挖去粪屑,将药塞入蛀道内,随即用湿黏土将孔口封严,过 7~10 d 后检查效果,如有新虫粪排出孔外应补治。

注射毒药。将手动喷雾器去掉喷头,换接一锥形小管,或直接用兽医用大注射器筒插入上部蛀孔注射药液,毒杀幼虫。药液用量以下部蛀孔流出为度。药剂有 90% 敌百虫、80% 敌敌畏或 50% 毒死蜱 1 000 倍液。

插入磷化锌毒签。视虫孔大小插入 1~2 支毒签,将露在外面的无药部分折断,紧密插入空隙中,以免毒气外出。防治排粪孔多的桑天牛时,先沿幼虫蛀食方向找到最新的排粪孔,将该孔前面一孔用小枝塞满,以免幼虫转移和毒气泄漏,再将毒签插入最新的孔口。

钻孔注药。对胸径在 5 cm 以上的杨树,可采取钻孔注药的办法。选用 40% 氧化乐果、50% 烯啶虫胺、40% 速灭杀丁乳剂、20% 吡虫啉可溶剂、50% 辛硫磷等农药,胸径注射 1~1.5 mL/cm。在杨树主干基部距地面 30 cm 处钻孔,钻头与树干成 45°,钻 6~8 cm 深的斜向下孔。胸径 15 cm 以下钻 1~2 个孔;胸径 30 cm 以下钻 2~3 个孔;胸径 30 cm 以上钻 4~5 个孔。注药以将孔注满为止,约 5 mL,注药后用湿泥封口。

干基涂泥。选择黏性好的黄泥加水拌成泥浆,再加入烯啶虫胺 50 倍液、敌敌畏、氧化乐果等农药,拌匀后均匀涂刷在 2 m 以下树干至基部,可有效阻断天牛咬伤树皮产卵,并能抑制已产卵的幼虫孵化。涂刷时间以 7 月中旬为宜。

输液防治。使用天牛一插灵(10 mL/瓶),具有内吸、熏蒸、触杀、胃毒等多重功效,强力渗透于植物组织中,传导性好,对防治天牛等蛀干害虫有特效(但对茎干基部危害的蛀虫除外,如星天牛)。

(2)绝育法　用 10 000~30 000 伦琴剂量的 60Co 照射双条杉天牛雄虫,雄虫与雌虫交配后,不影响产卵,但卵全部不能孵化。虽然尚在室内试验阶段,但已表示有利用的可能性。

(3)饵木诱捕　用侧柏作饵木,在侧柏饵木上诱得双条杉天牛 1 058 头,最多时在 4 月中旬一天可诱得 500 余头,有极明显的诱集作用。

(4)生物防治　田间放蜂,肿腿蜂在生产上的应用,还需要进一步研究。

(5)X 射线探测　应用软 X 射线显影法探测树木中的天牛幼虫,可以用于天牛调查和木材检疫工作,也可用作天牛防治中辅助工具。此外用低功率氦氖激光器照射黄斑星天牛成虫,其寿命有减短趋势。可采用真空充氮法防治仓贮商品包装及竹木器材的天牛等新技术。

(十二)蚜虫类

蚜虫类以在冬季寄生植物芽附近产下的卵形态越冬(图 102),春季,在这些植物上胎性繁殖,数代后成为有翅虫,夏季寄主植物继续繁殖。但在温暖地区,棉蚜和桃蚜呈非常复杂的生态,无规律性,在冬季亦可通过胎生雌虫继续繁殖,成为春季的发生源。在春秋两季,10～14 d 完成一代,而夏季只需 1 周,繁殖十分旺盛。

图 102　软枣猕猴桃虫害——蚜虫

1.发病症状

成虫和幼虫聚生于心芽和叶背,吸取茄汁液,导致叶片衰弱,停止生长。严重时出现煤斑病,叶片布满黑色煤斑,导致叶片枯死、落叶。

2.防治方法

常发生茄花叶病的地带,应注意观察是否有翅虫飞来,重点应放在早期防治。

二、冀北寒旱地区软枣猕猴桃病害及防治

以冀北寒旱地区软枣猕猴桃为例,介绍软枣猕猴桃病害及防治方法。

(一)茎基腐病

茎基腐病是目前对软枣猕猴桃为害最严重的病害,主要为害软枣猕猴桃主蔓基部(图 103)。

1. 症状

发病时间通常为初冬和早春。一般从距地面 10 cm 左右茎蔓叶痕处开始发病。初期树皮表面症状不明显,切开皮层可见韧皮部组织变为褐色。褐色坏死区域逐渐向四周扩展,向深层扩展至形成层,并沿形成层进一步向上扩展,后扩展的病茎截面只有形成层变褐,韧皮部颜色变化不明显,向下扩展至贴近地面部位即停止,一般不蔓延至根部。随着病害发展,有的会从芽眼或裂口处冒出红色液体,病部比健康部位略肿胀,用手扭动树皮,树皮立即与木质部脱离,韧皮组织呈红褐色湿滑状腐烂。如坏死腐烂区域环绕蔓部一周,较细的发病幼树春季 4、5月即枯死,较粗壮的春季可长出枝叶,甚至开花,但后期也会因韧皮部无法向下输送有机养分而逐渐枯死。

图 103　软枣猕猴桃病害——茎基腐病

2. 发生规律

该病由半知菌亚门的镰孢菌、拟茎点霉菌和球壳孢菌等多种真菌引起。病害多发生在定植一二年的树上,当年 11 月至翌年 4 月开始出现症状,11 月和翌年三四月发病较集中。病害一般不直接造成根部腐烂,发病后如将地上病蔓及时剪去,根部可重新萌发出新的粗壮枝条。不同品种间发病存在明显差异,魁绿 抗性最强,辽凤 1 号发病最重,龙成二号和 LD133 发病程度居中。定植当年冬季和第 2 年春季的小树最易发病,冬季遇极端低温会加重发病,地势低洼、土壤黏重地块发病重。

(二)根腐病

1.症状

症状多发于夏季和秋季,叶片萎垂,逐渐黄化、脱落,然后整株枯死。剖视病株茎蔓,可见木质部维管束变成褐色;根部褐色、腐烂,发病后期根部柔软组织全部消失,外部皮层如鞘状套于木质部外面,鞘状表面着生大量白色霉状物。

主要为害根颈部和主根。染病植株多从小根或根尖发病,向根颈部蔓延,皮层变黑腐烂(图 104)。部分主、侧根和吸收根腐烂的树地上部分表现为树势衰弱,叶色变浅黄色或顶端生长不良,大部分或全部根系腐烂的树会在生长旺季遇高湿高温天气时,出现植株突然萎蔫枯死的现象。

图 104　软枣猕猴桃病害——根腐病

2.发生规律

蜜环菌菌丝(图 105)常在土壤、病株残体、田间发病植株的根部越冬,病原菌靠土壤动物、水流、种苗及农事操作的农具进行传播,借助伤口侵入或直接侵入,发病后植株地上部分显示出生长不良、叶片黄化的现象,新叶和新枝发不出来,叶片内卷,萎蔫,逐渐落叶,挖开地下部分发现侧根皮层红褐色坏死,无臭味。

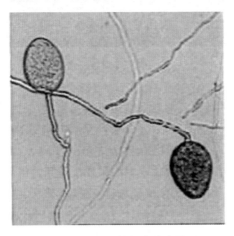

图 105　猕猴桃根腐病病原

病原通过根部伤口或根毛顶端细胞侵入,病菌在导管内发育繁殖,堵塞导管,引起植株萎蔫,同时分泌毒素,导致导管变褐,寄主中毒死亡,该病是典型的土传病害。地势低洼、排水不良、土壤黏重,尤其是雨季积水地块发病严重。如树体小、长势弱,发病后很快枯死;如发病前树体较大(1.8 m 以上)、树势较强,出现叶片萎蔫枯黄症状 1 个月后甚至持续到第 2 年春季才枯死。

3.防治技术

(1)科学建园,注意排水　初建果园一定要选择能排能灌、通透性好的土地。建好园后一定要深挖排水沟(图 106),避免果园积水,降低果园土壤湿度。

图 106　深沟防积水

（2）尽量减少植株基部或根部的机械损伤，如果造成损伤一定要及时涂抹消毒药液处理伤口；未及时涂抹消毒药液处理伤口的若发现伤口被侵染后应及时刮除病部腐烂组织并消毒。

（3）已投产的果园在生长旺季如果发现有死亡或无望投产的果树，应连根挖出集中销毁并对定植坑进行消毒曝晒，秋、冬季补种新苗时必须换土。

（4）施用充分腐熟的有机肥，施肥时多施有机肥或多种有机物料混合肥，以改良土壤结构。在施用化学肥料时应注重施用磷、钾含量较高的复合肥，并适当配施锌、硫、硼等微肥。

（5）生物防治　将药剂如哈茨木霉等均匀喷洒于畦面上，此类霉菌的发展能有效抑制疫霉等有害菌的发展且对软枣猕猴桃没有危害。

（6）化学防治　在 3 月或 5 月中、下旬利用恶霉灵、甲霜灵等药剂灌根 2～3 次。

（三）褐斑病

褐斑病又叫叶斑病，属真菌性病害，是软枣猕猴桃叶部主要病害，会导致软枣猕猴桃叶片早落，对当年及次年的产量影响很大。发病重的果园病叶率达 50％～100％,果实采收前叶片几乎落光。此病在软枣猕猴桃其他产区是偶发性的次要病害,但在冀北寒旱地区则是主要病害。

软枣猕猴桃褐斑病的致病因子主要有:软枣猕猴桃园初始密度不合理,单位面积内的密度过大,通风透光不良,高温和高湿条件助长褐斑病传播速度。树势衰弱,树体营养不良是患病的外因。

1.发病症状

本病主要危害幼叶片,病斑主要始发于叶缘,初期形成近圆形暗绿色水渍状斑,后沿叶缘或向内扩展形成不规则褐色小圆斑,病斑边缘有褪绿晕圆,中央浅灰色,具明显轮纹,形成灰黑色霉层,多个病斑常愈合在一起,引起叶片枯死,破裂和早落。发病严重时,叶片会提早脱落(图107,图 108)。

图 107 软枣猕猴桃病害——褐斑病　　图 108 软枣猕猴桃病害——褐斑病

病原:褐斑病的病原菌为链格孢菌。病菌分生孢子梨形或近圆形,暗色,具有纵横分隔(图.109)。

2.发病规律

病菌的菌丝体或分生孢子在病残体内越冬,翌年春季随风雨传播,6 月开始发病,7—8 月进入发病高峰期,9月如遇多雨、湿度大时,发病严重。病原菌常在病株残体、田间发病植株的藤蔓部及搭棚材料上越

图 109　软枣猕猴桃褐斑病的病原

冬,病原菌靠气流、雨水溅洒及种苗进行传播,借助伤口侵入或直接侵入,病害潜育期短,一般 5～9 d,新病斑产生病原菌的分生孢子后进行再侵染。

3.防治方法

(1)农业防治　及时清除病枝病叶,烧毁或深埋,加强修剪,改善园内通风透光条件,不要过量施用氮肥,增施磷钾肥和硼肥。

(2)药剂防治　发病初期,喷 70％甲基托布津 1 000 倍液,80％大生 M-45(代森锰锌)可湿性粉剂 1 000 倍液,每 7～10 d 一次,连喷 3 次;常用的内吸性杀菌剂还有 25％嘧菌酯 2 000 倍液,10％苯醚甲环唑 1 500～2 000 倍液,75％百菌清＋72％多菌灵(1∶1)500 倍液,75％百菌清＋50％速光灵(腐霉利)可湿性粉剂(1∶1)1 000 倍液。

冬季注意清除园内的枯枝落叶,用 2～3 波美度的石硫合剂进行全园喷洒消毒,包括搭架的水泥桩;及时摘除严重病叶并且集中烧毁,在发病严重的田块可喷洒 65％代森锌可湿性粉剂 500 倍液、50％多菌灵粉剂 1 000 倍液喷洒防治。

(四)溃疡病

软枣猕猴桃溃疡病是一种细菌性病害,主要危害树干、枝蔓,严重时造成植株枝干枯死,同时也危害叶片和花蕾,具有爆发性,是危害最严重的病害。

1.发病症状

主干、枝蔓一旦染病后,在伤流期先是在病变处流出淡黄色黏性汁液,随后汁液由浅变深,最后变成深红或锈红,流到哪里感染到哪里。染病部位韧皮部细胞坏死,组织褐变,不发芽或已发芽枯萎,花蕾染病后脱落,不开放。当病斑扩展到 1 cm 宽,数厘米长时,病部开裂皮层与木质部分离,病斑周围变为褐色或黑褐色,木质部分腐烂(图 110)。

图 110　软枣猕猴桃病害——细菌性溃疡病

2.病原

由丁香假单胞杆菌猕猴桃致病变种引起,此菌属于低温性病菌,其侵染与低温有密切相关性。

3.发病规律

病菌主要在发病的枝蔓上越冬,也可随病残体在土壤中越冬。病原菌靠土壤水流、昆虫活动、摩擦接触及农事操作的农具进行传播。由植株的叶痕、气孔、皮孔、水孔、伤口等侵入皮层,病害潜育期较短,侵染后 3～5 d 发病。每年 10 月到翌年 6 月都有病斑出现,2—3 月为病菌危害盛期。病斑扩大,病斑皮孔或龟裂处流出大量红褐色液体,阴雨天气大量流出菌液,造成重复侵染。发病后流出的细菌可以随流水或动物爬行携带传播,远距离传播主要靠带病种苗。一般从枝干传染到新梢、叶片,再到枝干,干枯的落叶和土壤不具有传染性。

影响发病的因素:与品种有关(黄果肉型品种容易发病,绿果肉型品种比较抗病);与坡向有关,阴坡多发病;该病喜高湿,耐低温(10° 以下才出现菌脓);该病随园林的郁闭度增加而加重。不同品种的软枣猕猴桃对溃疡病的抗性不同。

4.防治方法

(1)加强检疫,严禁从病区引苗,软枣猕猴桃细菌性溃疡病是检疫性病害,对外来的苗木要进行检疫检验和消毒处理。

(2)农业防治 发现病枝应立即剪除销毁,树干发病严重的,立即清除销毁,树干病斑较小的,立即刮除至好皮,伤口涂药保护。

(3)接穗芽条的选取要严格,确保无病害,培育无病嫁接苗,发现病苗立即拔掉烧毁。

(4)软枣猕猴桃园内一旦出现病株,应立即挖除烧毁并对病穴进行消毒,染病的枝蔓一律剪除。

(5)加强水肥管理,合理疏花疏果,保持健壮树势,提高植株的抗病能力。

(6)收果后用 3～5 波美度的石硫合剂进行全园消毒,铲除潜伏的病原细菌。

(7)选育和发展抗病品种。"龙城一号"品种最易感病。

(8)消除侵染源,软枣猕猴桃老树发现局部病斑,应及时刮除,再涂抹 800 倍的噻菌铜,涂抹范围要大于病斑范围 3 倍。

(9)越冬期,用 10 倍石硫合剂和 2.5 倍石灰乳将树涂白。

(10)发病严重时,可用噻菌铜、农用链霉素、可杀得等喷雾防治。

(11)药剂防治　第一年 9 月份全园喷布消菌硫合剂,冬剪后立即喷布 3～5 波美度石硫合剂,施药部位为枝干以及剪锯口,防止病菌从伤口侵入,入冬后注意树干保护,防止冻伤;树液流动前再喷一次石硫合剂或农用链霉素,螯合铜制剂;刮除病斑至好皮 1～2 cm,涂医用凡士林加杀毒矾药膏,即可以保护、治疗伤口,又能促进新破快速生长,效果明显。

(五)白粉病

1.发病症状

5—10 月发病叶片、叶背出现近圆形褪绿变黄的病斑,病部表皮毛呈鲜黄色,镜检观察发现有病原菌的分生孢子和分生孢子梗混在表皮毛中,白色粉状物不明显,11—12 月病斑逐渐产生黑色颗粒(病原菌的闭囊壳)(图 111)。

图 111　软枣猕猴桃病害——白粉病

幼苗到结果树均可发病,一般大树症状较常见,主要危害叶片。有的叶片正面无明显病状,有的叶片正面形成黄绿色不规则病斑,叶片正反两面均可产生白色粉状物,构成边缘不明显的粉斑。粉状物即病菌外生菌丝体、分生孢子。粉斑多见于背面,后期粉斑可布满整个叶片,严重时病叶萎缩、变褐、干枯,最后脱落。秋季发病后期白粉上长出散生的或成堆的黄褐色至黑色小颗粒,即病菌的闭囊壳。

2.病原

白粉病病原体为壳针孢菌。分生孢子单胞无色串生,闭囊壳黑色,表面带有球针状附属丝(图112),子囊孢子单胞无色。

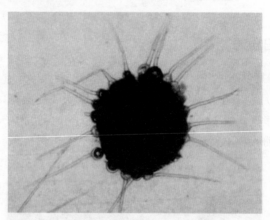

图 112　软枣猕猴桃白粉病的病原

3.发生规律

病原菌以囊孢子在闭囊壳内越冬,待闭囊壳解体或破裂,子囊孢子释放出来,随气流传播到软枣猕猴桃叶片上。在温湿度适宜时易萌发,侵入叶片表皮细胞吸取营养物质,菌丝不断在叶片表面扩展。

病原为子囊菌亚门白粉菌科球针壳属。病菌以闭囊壳随落叶等病残体在田间越冬,翌年在适宜条件下产生子囊孢子或分生孢子等繁殖体,借气流和雨水传播。病菌可自植物表皮直接侵入,一般 7 月开始发病,8—9 月为发病盛期。树势衰弱、树冠密闭、通风透光不良、土壤黏重、偏施氮肥、管理粗放的果园更易发病。

防治:清除病落叶,集中烧毁或深埋;发病严重的田块,用石硫合剂、胶体硫、粉锈宁等药剂喷洒。

（六）灰霉病

1.发病症状

灰霉病主要危害叶片、花和果实，常为残花败叶染病后脱落至叶片和果实上，造成侵染（图113）。花受侵染后，初呈水渍状，后逐渐变褐，然后组织腐烂脱落；幼果发病从与残花接触部位开始腐烂，进而造成落果；叶片发病常从叶尖叶缘开始，病斑水渍状，呈半圆形或"V"形褐色坏死。带病菌的残花如附着在叶片上，极易形成以附着点为中心的褐色轮纹状病斑。早期果实腐烂现象不常见，但贮藏期容易发病。湿度大时，发病后期各发病部位表面均可产生大量灰色霉层。

图113　软枣猕猴桃病害——灰霉病

2.发生规律

病菌在果、叶和花等病残体、土壤中越冬，可存活4～5个月。通过气流和雨水溅射传播。持续高湿、阳光不足、通风不良、低温高湿条件下易发病且重，湿气滞留时间越长发病越重。

(七)果腐病

1.发病症状

幼果期开始发病,果实表面略干瘪,剖开病果可见靠近果柄或果萼位置变黑坏死,坏死部位呈线状向果实中部扩展,造成幼果期大量落果(图114)。也有幼果期无症状的,但果实膨大后,种子附近的果肉变软腐烂,果实脱落。

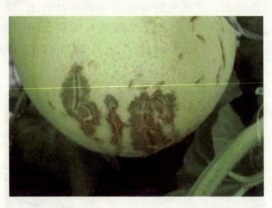

图 114　软枣猕猴桃病害——果腐病

2.发生规律

该病一般不产生无性态或产生丛梗孢属的无性态。花期从柱头或残花侵入。露地和温室均可发病,温室软枣猕猴桃发病重。有3个落果高峰期,第1次为幼果初期,第2次为幼果长至2 cm左右,第3次为果实成熟期。露地雾露重地块发病重。品种间发病症状有明显差异,魁绿和 LD133 落果较重,茂绿丰(龙成 2 号)和辽凤 1 号落果较轻。

(八)蝇粪病和煤污病

1.发病症状

蝇粪病在果面会形成很多小黑点组成的斑块,黑点光亮而隆起,形似蝇粪,用手难以擦去;煤污病在果面产生褐色或褐色污斑,边缘不明显,似煤面,很薄,用手可擦去,有时污斑沿雨水流下方向分布,故俗称"水锈"(图115)。

图 115 软枣猕猴桃病害——蝇粪病

2.发病规律

7—9 月均可发病。魁绿,辽凤 1 号发生较重。田间郁闭、通风不良、长时间湿度过大发病重。

(九)日灼

1.发病症状

主要危害叶片和果实。叶脉间或叶缘向内部位会突然形成较规则对称的白色或褐色枯斑。果实病斑表面发白,果肉变软,继而凹陷、粗糙、硬化。

图 116　软枣猕猴桃病害——日灼

2.发生规律

属非侵染性病害,多因局部高温和紫外线辐射伤害导致。热伤害由叶片表面或果面高温引起,与光照无关;紫外线伤害则发生于阳光照射部位。6—9 月均可发病,7—8 月为发病高峰期。常发生于叶幕未形成的新建果园。树势弱者发病重,追肥过量或追肥位置靠树根过近会加重发病。

(十)根结线虫病

1.发病症状

地下根系初期生有结节(图 117),外观根皮颜色正常,大结节表面粗植,后期结节附近根系腐烂,变成黑褐色,解剖腐烂结节,可见乳白色、梨形或柠檬形线虫。发病植株地上部表现为植株矮小,枝蔓、叶片黄花衰弱,叶、果小易落。

2.病原

北方多为根结线虫、南方为根结线虫和花生根结线虫。

3.发病规律

此病大多发生在沙壤土和壤土的南方地区,病原线虫寄主范围

图 117　软枣猕猴桃病害——根结线虫病

广泛,据不完全统计,有 4 000 多种植物发病。未孵化的幼虫可以在卵壳内存活 5 年,一旦出现合适的寄主植物,就立即孵化并侵入植物组织。

4.防治方法

(1)不让带虫苗木流通,不栽带虫苗。

(2)选用抗线虫的野生猕猴桃种类作砧木。

(3)发病果园,用益舒宝每亩 3～5 kg 搅拌后施到根部。

(十一)黑斑病

黑斑病又称霉斑病,在软枣猕猴桃植株及果实上时常发生。

1.发病症状

主要危害叶片、果实,在叶片受到危害时,初期表现为叶背产生灰色绒状小霉斑,随病斑扩大,叶正面出现褐色小圆点融合成大斑点,导致叶片呈焦枯状而变黄脱落(图 118)。在果实上,浸染初期在果面出现褐色小斑点,随病原体扩散褐色小斑点转化为黑色或黑褐色,后期病变部位果肉变软发酸,最后整个果实腐烂。

图118 软枣猕猴桃病害——黑斑病

2.发病规律

病原体存于土壤中越冬,翌年花期发病,随风雨传播,进入7、8月高温、高湿传播较快。

病菌主要在病残体上越冬,翌年3月开始侵染,伤流期为发病高峰期,病菌从伤口、皮、孔、冻害部位侵入、皮层、本质部、髓心都可潜伏病菌,以皮层病菌繁殖最活跃,风雨会加速传播蔓延。

3.防治方法

(1)农业防治 冬季结合修剪,清理枯枝落叶,消灭病原体,增施钾肥增强树体抗病能力。

(2)化学防治 春季萌芽前喷施5波美度石硫合剂、花期后喷施70%四基硫菌灵可湿性粉剂1 000倍液或70%代森锰锌可湿粉剂600倍。发病期可喷50%醚菌酯600倍液或50%异菌脲1 000倍液。

(3)药剂防治 头年9月份全园喷布消菌硫合剂,冬剪后立即喷布3~5波美度石硫合剂,施药部位为枝干以及剪锯口,防止病菌以伤口侵入,入冬后注意树干保护,防止冻伤;树液流动前再喷一次石硫合剂或农用链霉素,螯合铜制剂;刮除病斑至好皮 1～2 cm,涂医用凡士林加杀毒矾药膏,即可保护、治疗伤口,又能促进新皮快速生长,效果明显。

(十二)白纹羽病

软枣猕猴桃染病后,树势衰弱,叶片自上而下变黄,凋萎,枝叶干枯,最后全株枯死。主要危害根部。

1.发病症状

在根尖形成白色菌丝,老根或主根上形成略带棕褐色的菌丝层或菌丝索,结构比较疏松柔软。菌丝索可以扩展到土壤中,变成较细的菌索,有时还可以填满土壤中的空隙。菌丝层上可长出黑色的菌核。菌丝穿过皮层侵入形成层深入木质部导致全根腐烂,病树叶片发黄,早期脱落,之后渐渐枯死(图 119)。

图 119　软枣猕猴桃病害——白纹羽病

2.发病规律

病菌的菌丝残留在病根或土壤中可存活多年,并且能寄生多种果树,引起根腐,最后导致全株死亡,是重要的土传病害。主要以菌丝越冬,靠接触传染。树体衰老或因其他病虫危害而树势很弱的果树,一般易于发病。

3.防治方法

白纹羽病寄主范围很广,因此最好不要在新伐林地开辟软枣猕猴桃果园,若在新伐林地建园,一定要把烂根清拣干净;发现病树应及时挖除,并开沟隔离,以防蔓延;园内应经常追施有机肥料,注意中耕排水,促进根系发育,提高抗病能力;对受病较轻的树可以用 300~500 倍的托布津液淋兜。

药剂防治:种植前进行土壤消毒用三灭(40%五氯硝基苯)10~20 g/m²。生长期发病,建议使用丙环唑(25%乳油)2 500 倍,或三抗(30%恶霉灵)1 000 倍液+黑杀(12.5%烯唑醇可湿粉)2 000 倍液或根灵(70%敌磺钠)800 倍液,或嘧菌酯 1 500 倍液浇灌,用药前若土壤潮湿,建议晾晒后再灌透。

(十三)立枯病

立枯病又称"死苗",由半知菌亚门真菌侵染引起(图 120)。

图 120　软枣猕猴桃病害——立枯病

1.发病症状

多发生在育苗的中、后期。主要危害幼苗茎基部或地下根部,初为椭圆形或不规则暗褐色病斑,病苗早期白天萎蔫,夜间恢复,病部逐渐凹陷、溢缩,有的渐变为黑褐色,当病斑扩大绕茎一周时,最后干枯死亡,但不倒伏。轻病株仅见褐色凹陷病斑而不枯死。苗床湿度大时,病部可见不甚明显的淡褐色蛛丝状霉。

2.发病规律

病菌以菌丝和菌核在土壤或寄主病残体上越冬,腐生性较强,可在土壤中存活 2～3 年。混有病残体的未腐熟的堆肥,以及在其他寄主植物上越冬的菌丝体和菌核,均可成为病菌的初侵染源。病菌通过雨水、流水、沾有带菌土壤的农具以及带菌的堆肥传播,从幼苗茎基部或根部伤口侵入,也可穿透寄主表皮直接侵入。病菌生长适温为 17～28 ℃,12 ℃以下或 30 ℃以上时病菌生长受到抑制,故苗床温度较高,幼苗徒长时发病重,土壤湿度偏高,土质黏重以及排水不良的低洼地发病重。光照不足,光合作用差,植株抗病能力弱,也易发病。通过雨水、流水、带菌的堆肥及农具等传播,病菌发育适温 20～24 ℃。刚出土的幼苗及大苗均能受害,一般多在育苗中后期发生,多在苗期床温较高或育苗后期发生,阴雨多湿、土壤过黏、重茬发病重。播种过密、间苗不及时、温度过高易诱发本病。

3.防治方法

(1)农业防治

①严格选用无病菌新土配营养土育苗。

②实行轮作。与禾本科作物轮作可减轻发病。

③秋耕冬灌。秋季深翻 25～30 cm,将表土病菌和病残体翻入土壤深层腐烂分解。

④土地平整,适期播种。一般在 5 cm 地温稳定在 12～15 ℃时开始播种为宜。

⑤加强田间管理。出苗后及时剔除病苗。雨后应中耕破除板结,

以提高地温,使土质松疏通气,增强瓜苗抗病力。

(2)种子处理

①药剂拌种。用药量为种子干重的 0.2%~0.3%。常用农药有拌种双、敌克松、苗病净、利克菌等。

②种衣剂处理。种衣剂与种子之比为 1∶25 或按说明使用。

(3)药剂防治　发病初期可喷洒 38%噁霜嘧铜菌酯 800 倍液,或41%聚砹·嘧霉胺 600 倍液,或 20%甲基立枯磷乳油 1 200 倍液,或72.2%普力克水剂 800 倍液,每隔 7~10 d 喷 1 次。在定植时或定植后以及预期病害常发期前,按 600 倍液稀释,进行灌根,每 7 d 用药1 次,用药次数视病情而定。

(4)生物防治　育苗时,用根部型按 2~4 g/m²,对苗床进行喷淋,定植前后,可将稀释 1 500~3 000 倍液,每株灌根 200 mL,间隔 3 个月使用一次。

(5)苗床土壤处理可用 40%亚氯硝基苯和 41%聚砹·嘧霉胺混用,比例 1∶1,或用 38%噁霜嘧铜菌酯,每亩用量 25~50 mL,均匀喷施于苗床。

(十四)炭疽病

炭疽病主要危害果实和叶片,也可以危害花、茎蔓、枝干、叶柄,以及草莓上的匍匐茎和根茎部。

1.发病症状

炭疽病发病主要在叶片上,症状表现为:刚开始侵染,会在叶片上呈现一个针尖大小的斑点,在斑点旁边会有一些黄色的晕圈,并且是从叶片边缘或者叶片凸起的地方开始侵染,然后逐渐扩大,形成一个圆形或椭圆形的病斑,病斑具轮纹斑纹,呈深褐色至灰白色,病部中央散生或轮生褐色、黑色小点(图 121)。当植株出现急性炭疽病时,发生特别迅速,病斑呈现不规则形。潮湿天气会出现粉红色胶状物。病症后期会导致病叶黄化脱落。炭疽病可分为急性(叶枯型)和慢性(叶斑型)炭疽病两种。

图 121　软枣猕猴桃病害——叶片上炭疽病

炭疽病发病在果实上初期症状为果皮上出现褐色至黑褐色病斑,圆形或近圆形,后变黑,中央凹陷,病斑中央有许多褐色至黑色小点产生,呈同心轮纹状排列。湿度大时,病斑上小黑点处呈粉红色突起,一个病果常有多个病斑,病斑连片后导致全果变黑、腐烂(图 122),或者出现干疤、泪痕;储存期的果实也会侵染,从果蒂或附近开始发病,最开始是淡褐色水浸状,随后颜色变深并扩大。

图 122　软枣猕猴桃病害——果实上炭疽病

部分果树枝梢也可感染,例如柑橘,主要是从枝梢中部开始,然后向下蔓延。最开始病斑是椭圆形的淡褐色,然后呈梭形、稍微有些凹陷。当病斑环绕枝梢以后,上部的枝梢会迅速干枯死亡,也可在顶梢向下枯死,主要受冻的秋梢易发病,也叫慢性炭疽病(图123)。

图123　软枣猕猴桃病害——慢性炭疽病

2.发病规律

(1)高温高湿炭疽病易发生,中高温和高湿度易发生,气温在20~28℃,相对湿度90%~95%宜发病。炭疽病在夏季高温、多雨、潮湿的地区发病尤为严重,一般在7—8月是危害盛期。其余基本上都是在高温高湿时易发病。

(2)炭疽病是弱寄生菌,一般在长势弱、根系受伤害、树势弱时容易被侵染,当作物长势健壮,营养充足,抵抗力强时,不容易被炭疽病侵染。

(3)氮肥施用过多时易被侵染,氮肥过多叶片细胞间隙变大,抵抗病菌侵染能力弱,而一般嫩梢、嫩叶和幼果更容易受病菌侵害,所以氮肥施用过多会大大提高发生炭疽病的概率。

(4)土质差、连作重茬的地块,土壤中有害病菌本身就较多,炭疽病的侵染性较强。

（5）排水不良、通风透光少、种植密度大，导致田间小气候湿度增加，为炭疽病的爆发创造了有利条件。

（6）高温多雨季易发生，台风过后易发生，湿度过大、伤口增加、温度合适时，都容易发生。

3.防治方法

（1）农业防治

①加强管理，增强植株长势，提高植株的抗病能力。

②深翻改土，增施有机肥和磷、钾肥，避免偏施氮肥。

③及时清除落叶、落果及病枯枝。

④保证排灌畅通，防止积水，雨后应及时排水。

⑤与大田类作物实行轮作，每一茬口及时进行土壤消毒。

⑥种子消毒，选用抗病耐病品种，选择健康强壮的种苗，育苗地最好消毒后再定植。

⑦合理密植，保证植株间空气流通，高温多雨季节，可搭棚和盖遮阳网，起到防晒降湿度作用。

（2）化学防治　在育苗期间，定植后种苗缓苗完成即可冲施微生物菌剂，以后每半个月补充一次，以菌抑菌。

（3）预防药剂　代森联、咪鲜胺、辛菌胺、代森锰锌、二氰蒽醌、百菌清、福美双、福美锌、多菌灵、甲基硫菌灵、乙霉威、异菌脲等。

（4）治疗药剂　戊唑醇、苯醚甲环唑、吡唑·代森联、嘧菌酯、溴菌腈、康普森斑立健。

（5）特效药配方　康普森斑立健＋咪鲜胺，或者斑立健＋苯醚甲环唑，对炭疽病效果独特，在育苗时使用效果较为明显。

（十五）菌核病

菌核病是土传真菌病害，塑料棚、温室或露地均可发病，从苗期至成株期均可被侵染。

1.发病症状

主要危害茎蔓、叶片和果实。茎基部染病，初生水渍状斑，后扩展成淡褐色,造成茎基软腐或纵裂,病部表面生出白色棉絮状菌丝体。叶片染病,叶面上呈现灰色至灰褐色湿腐状大斑,病斑边缘与健康部分界限不明显,湿度大时斑面上呈絮状白霉,终致叶片腐烂。果实染病,初现水浸状斑,扩大后呈湿腐状,其表现为密生白色棉絮状菌丝体,发病后期病部表面现数量不等的黑色鼠粪状菌核。

图 124   软枣猕猴桃病害——菌核病

2.发病规律

菌核遗留在土中或混杂在种子中越冬或越夏。混在种子中的菌核,随播种带病种子进入田间传播蔓延,该病属分生孢子气传病害类型,其特点是以气传的分生孢子从寄生的花和衰老叶片侵入,通过分生孢子和健株接触进行再侵染。侵入后,长出白色菌丝,开始危害柱头或幼瓜。在田间带菌雄花落在健叶或茎上经菌丝接触,易引起发病,并以这种方式进行重复侵染,直到条件恶化,又形成菌核落入土中或随种株混入种子间越冬或越夏。南方2—4月及11—12月易发此病。本病对水分要求较高,相对湿度高于85%,温度在15~20 ℃时利于菌核萌发和菌丝生长、侵入及子囊盘产生。因此,低温、湿度大或多雨的早春或晚秋有利于该病发生和流行,菌核形成时间短,数量多。排水不良的低洼地或偏施氮肥或霜害、冻害条件下发病重。

病菌以菌核在土壤中或混杂在种子间越冬、越夏或度过寄主中断期,至少可存活 2 年,是病害初侵染的来源。翌年春季,在温湿度适宜时,菌核萌发产生子囊盘,子囊盘开放后,子囊孢子已成熟,稍受震动就一齐喷出,并随气流传播、扩散进行初侵染。花瓣和衰老的叶片极易受侵染。菌丝在寄主组织的细胞间隙分泌果胶酶以融解中胶层,拆散组织细胞,造成寄主组织死亡。植株与植株之间或同一植株的各器官之间的传播通过和染病部位的直接接触,通过染病部位长出白绵毛状菌丝体传染。多雨潮湿时,病害还会迅速蔓延。发病后期,在病茎、病荚内外或病叶上产生大量菌核,落入土壤、粪肥、脱粒场或夹杂在种子、荚壳及残屑中越冬。花期,温暖、高湿的环境条件易造成病害猖獗流行。

3.防治方法

用 1∶2 的草木灰、熟石灰混合粉,撒于根部四周,30 kg/亩;1∶8 硫黄、石灰混合粉,喷于植株中下部,5 kg/亩,可在抽薹后期或始、盛花期施用,以消灭初期子囊盘和子囊孢子。在始花期,用 70%代森锰锌可湿性粉剂 500 倍液;70%甲基托布津、50%多菌灵或 40%纹枯利可湿性粉剂 1 000 倍液;0.2%～0.3%波尔多液或 13 波美度石硫合剂喷洒植株茎基部、老叶和地面上;40%菌核净 1 500～2 000 倍液,或 50%腐霉利 1 000～1 200 倍液,在发病初期开始用药,每隔 7～10 d 喷施 1 次,连续喷药 2～3 次。

(1)有条件的实行与水生作物轮作或夏季将大田灌水浸泡半个月,或收获后及时深翻,深度要求达到 20 cm,将菌核埋入深层,抑制子囊盘出土。同时采用配方施肥技术,增强寄生抗病力。

(2)播前用 10%盐水漂种 2～3 次,剔除菌核,或塑料棚采用紫外线塑料膜,可抑制子囊盘及子囊孢子形成,也可采用高畦覆盖地膜抑制子囊盘出土释放子囊孢子减少菌源。

(3)棚室上午以闷棚提温为主,下午及时放风排湿,发病后可适当提高夜温以减少结露,早春日均温控制在 29 ℃或 31 ℃,相对湿度低于 65%可减少发病,防止浇水过量,土壤湿度大时应适当延长浇水间隔期。

(十六)疮痂病

本病易危害嫩叶、嫩枝、幼果。受害叶片开始呈现油浸状斑点,后变为蜡黄色,病斑扩展,并向一面隆起成圆锥形的瘤粒突起(图125)。如病斑聚集,叶会变成扭曲畸形,果也会变成畸形果,落叶落果严重。本病通过风雨和昆虫传播,16~24 ℃时易发病,易发期为3—5月。

图 125　软枣猕猴桃病害——疮痂病

1. 发病症状

受害叶片初期出现水渍状圆形小斑点,后变成蜡黄色。病斑随叶片的生长而扩大,并逐渐木栓化,向叶片一面隆起呈圆锥状疮痂,另一面则向内凹陷,病斑多的叶片扭曲畸形,严重的引起落叶;幼果受害初期产生褐色斑点,逐渐扩大并转为黄褐色、圆锥形、木栓化的瘤状突起,形成许多散生或群生的瘤突,引起果实发育不良、畸形,造成早期落果,后期果实品质变劣。

2. 发病规律

病菌在病部组织内越冬,发育最适温度为16~23 ℃,春季阴雨潮湿天气气温在15 ℃以上时,产生分生孢子,通过风、雨、昆虫传播。春季空气湿度是决定发病严重与否的主要因素,春梢及晚秋梢抽吐期如遇阴雨连绵、早晨雾重则此病流行,夏梢期由于气温高极少发病。

3.防治方法

(1)注意苗木选择　新建果园应选用无病苗木,避免在病区运苗和取接穗。

(2)加强栽培管理　做好冬季清园修剪工作,剪除的病枝、落叶要集中烧毁。疏删过密枝条,提高树冠内部通风透光条件,降低树冠内空气湿度。

(3)喷药防治　本病仅侵染幼嫩组织,因此必须做好春梢、晚秋梢及幼果期的喷药保护工作。第一次喷药在春芽长到 2 mm 时,第二次在谢花期,晚秋梢期喷药视天气而定。可供选用的农药有:受侵染前喷 0.3～0.5％倍式波尔多液,或 30％氧氯化铜 500～600 倍液,或 75％百菌清可湿性粉剂 500 倍液,或 50％退菌特可湿性粉剂 500 倍液预防保护。已浸染的可喷 50％托布津可湿性粉剂 600～800 倍液等内吸杀菌剂防治。

(十七)轮斑病

1.发病症状

主要危害叶片,7—8 月发生。叶上初生黄褐色小点,后扩展成枯斑,边缘褐色,中部灰褐色,有较明显轮纹(图 126)。病部生有黑色小粒点,即病原菌的分生孢子盘。

图 126　软枣猕猴桃病害——轮斑病

2.发病规律

分生孢子盘大小 120～172 μm,其上生分生孢子梗,顶生分生孢子。分生孢子呈梭形,5 个细胞,两端细胞圆锥形,无色,中间 3 个细胞较大,褐色,大小(19～23)μm×(7～9)μm,顶生 2～3 个刺毛。病菌在叶片等病残体上越冬,翌年 6—8 月高温多雨季节进入发病盛期。品种间抗病性差异明显。

3.防治方法

(1)重病区选用抗病品种。

(2)秋冬季节认真清理果园,集中烧毁病残体,以减少越冬菌源。

(3)发病初期喷洒 25％苯菌灵乳油 700 倍液或 50％甲基疏菌灵可湿性粉剂 900～1 000 倍液,12％绿乳铜乳油 600 倍液,1：1：200 倍式波尔多液。

(十八)叶枯病

1.叶枯类型

(1)生理性枯萎　指因气候干旱、土壤干旱导致树体水分失衡而引起的叶片枯萎。当气温过高时,叶片蒸腾量大,尽管土壤并不缺墒,但根系来不及供给叶面蒸腾所需的水分,造成气候干旱型枯萎。当土壤过分缺墒时,根系无法从土壤中吸收必需的水分供给叶面蒸发,即表现为土壤干旱型叶萎。当土壤水、气、热三要素失调,或含过多有害离子,导致根系吸收功能下降,不能正常供给地上部所需水分时所发生的叶片枯萎即为生理性枯萎。

(2)病理性枯萎　指根部受地下害虫(根结线虫)或病菌(根腐病)侵染危害,使根系降低或失去吸收功能,从而导致叶片发生枯萎(图127),再就是叶片受病虫(叶斑病、红蜘蛛)侵染而发生枯萎。

2.发病症状

(1)生理性枯萎　分短期枯萎和长期枯萎两种。短期枯萎一般发生在晴朗高温的中午,其表现为叶片萎蔫下垂,下午和早上恢复正常,

图 127　软枣猕猴桃病害——叶枯病

叶片色泽比较正常,严重时可因枯萎引起落叶。长期枯萎是指因干旱、水灾而引起的根部吸收水分不足发生的枯萎,表现为叶片失绿,叶缘焦枯上卷,最终引起落叶甚至全树死亡。

（2）病理性枯萎　一般发生在 5 月至落叶前。在这段时期内,根腐病发生严重的果园到一定时期叶片会发生枯萎、脱落甚至整株死亡。7月如果红蜘蛛发生严重,会发生全园叶片枯萎脱落,轻则影响产量,重则引起绝收。另外缺钾也会引起叶缘上卷干枯。

（3）综合性枯萎　一般来说,叶枯病的发生是综合因素造成的。夏季是高温干旱、病虫高发季节,大多时候往往生理与病理同时作用,如果进行单一的防治很难取得理想的效果,因此加强综合防治是防治叶枯病的关键所在。

3.防治方法

（1）培养树势,提高树体抗逆性　增施有机肥,种植绿肥,增加土壤的肥力和通透性是防治叶枯病的根本措施。陕西周至县果农近年来在果园种植毛苕子,叶枯病发病率下降了 60％,树势连年保持健旺,为丰产稳产打下了良好的基础。

（2）合理灌水,注意排水　生理性枯萎无论什么原因,都是树体内水分失衡引起的,因此水是预防叶枯病的关键。软枣猕猴桃喜水又怕水,一般果园土壤湿度应保持在田间最大持水量的85%,低于60%就要灌水,有条件的果园最好采用喷灌,没有条件的果园可于树的基部培一土丘,然后漫灌。由于土丘较高,到达根部的水由漫灌变成渗灌,从而避免了土壤板结。涝灾会抑制树体根部的呼吸作用,影响吸收。因此要及时排涝,晾根。此外施肥应采取全园撒施浅锄的办法。

(3)综合防治 萌芽后,发病严重的果园,每亩可用3%辛拌磷3~4拌土全园撒施。在6—7月可结合防治小薪甲加入5010哒螨灵1 000~1 500倍液进行防治。在整个生长季,每次防治都应加入含钾微肥。

(十九)叶斑病

1.发病症状

叶片感病时最初形成圆形、近圆形或不规则形红褐斑,后病斑不断扩大,沿叶绿纵深扩展,使多个病斑联合,但受叶脉限制,多数病斑较小。后期病斑颜色稍浅,有的呈灰色,表面有黑色小粒点(图128)。

图128 软枣猕猴桃病害——叶斑病

2.防治方法

(1)重病区选用抗病品种　施有机肥,合理修剪,增强树势,提高抗病能力。秋冬认真清园集中销毁病残体,以减少越冬菌源。

(2)发病初期可喷施 70％甲基硫菌灵可湿性粉剂 1 000 倍液,或 80％代森锰锌可湿性粉剂 1 000 倍液,或 25％嘧菌酯悬浮剂 2 000 倍液,或 10％苯醚甲环唑水分散粒剂 1 500～2 000 倍液,隔 7～10 d 喷 1 次,连续喷施 3 次。

(二十)锈病

1.发病症状

发病叶面有许多黄色至橙黄色、无明显边缘的小斑点,常相互连合。叶背可见散生的黄褐色至近黑色小点(图 129)。

图 129　软枣猕猴桃病害——锈病

2.防治方法

在冬季扫除、烧毁病落叶。在症状出现初期,定期向植株全面喷洒 80％代森锌可湿性粉剂 700 倍液,或 15％粉锈宁可湿性粉剂 1 500～2 000 倍液。

(二十一)青霉病

1.发病症状

初期为叶水渍状淡褐色圆形病斑(图 130)。病部果皮变软腐烂，扩展迅速，用手指按压病部，果实易破裂。病部先长出白色菌丝，很快转变为青色霉层。

图 130　软枣猕猴桃病害——青霉病

2.防治方法

避免雨后或雾天果皮含水量多的情况下采果。采收、分级、运输及包装过程中，尽量防止损伤果实。贮藏库、果窖及果筐使用前要用硫黄熏蒸消毒，每 100 m³ 容积用 2～25 kg 硫黄粉。采后的果实可用多菌灵＋福美双漫果 1 min，浸后晾干，即行包装，也可用特多克 0.1%＋福美双浸果 1 min。

(二十二)蔓枯病

蔓枯病主要危害二年生以上的枝蔓，当年新生的枝蔓不发病，病斑多在剪锯口、嫁接口和枝蔓杈处发生(图 131)。多年生果树发病率高，严重时造成大量枝稍死亡，甚至整枝或整株死亡。

图 131　软枣猕猴桃病害——蔓枯病

病菌在病组织内越冬,借助风雨、昆虫传播,从幼嫩组织自然孔口或伤口侵入,可再侵染和潜伏侵染,为软枣猕猴桃主要病害之一。枝蔓普遍带菌,软枣猕猴桃抽梢期和开户期出现高峰,发病与树势有关,伤口是诱发病害的主要因素,冻害是引发病害流行的主要条件。

1. 发病症状

病部初为红褐色,形状不规则,组织腐烂。后期病部稍下陷,表面散生黑色小粒点,潮湿时从小粒点内溢出乳白色卷丝状分生孢子角。病斑向四周不断扩展,当环枝蔓一周时,上部枝条即枯死。

2. 防治方法

溃腐灵原液涂抹伤口,修复受损细胞,防止病菌入侵,能够医养结合,防病治病,传导性强。

(二十三)膏药病

软枣猕猴桃膏药病是一种植物病害,常见以菌丝体在患病枝干越冬,翌年春夏之交,在高温多湿条件下形成子实体的疾病(图132)。

1. 危害部位

主要发生在软枣猕猴桃大树的两年生以上枝干分杈处。

图 132　软枣猕猴桃病害——膏药病

2.发病症状

白色膏药病多与枝干粗皮、裂口、藤肿等症状伴生,如膏药一样贴在枝干上。病原菌的子实体表面较光滑,初期呈白色,扩展后仍为白色或灰色,子实体衰老时往往发生龟裂,容易剥离,受害严重时造成树体早衰,枝条干枯。

3.防治方法

土壤施硼(萌芽至抽梢期根际土壤 1 g/m² 硼砂)和树冠喷硼,以 0.2‰硼砂液治粗皮、裂皮、藤肿和流胶等现象,减少弱寄生菌侵染的场所。用小刀刮除菌膜,涂抹 3 波美度石硫合剂或涂三灵膏(凡士林 50 g,多菌灵 2.5 g,赤霉素 0.05 g 调匀)。

(二十四)花腐病

软枣猕猴桃花腐病主要危害软枣猕猴桃的花蕾、花,其次危害幼果和叶片,引起大量落花、落果,还可造成小果和畸形果,严重影响软枣猕猴桃的产量和品质(图 133)。

图 133　软枣猕猴桃病害——花腐病

1.发病症状

受害严重的软枣猕猴桃植株,花蕾不能膨大,花萼变褐,花蕾脱落,花丝变褐腐烂;中等受害植株,花能开放,花瓣呈橙黄色,雄蕊变黑褐色腐烂,雌蕊部分变褐,柱头变黑,阴雨天子房也受感染,有的雌花虽然能授粉受精,但雌蕊基部不膨大,果实不正常,种子少或无种子,受害果大多在花后一周内脱落;轻度受害植株,果实子房膨大,形成畸形果或果实心柱变成褐色,果顶部变褐腐烂,套袋后脱落。受花腐病危害的树挂果少、果小,造成果实空心或果心褐色坏死脱落,不能正常成熟。

2.防治方法

(1)加强软枣猕猴桃果园肥培管理,提高树体的抗病能力　秋冬季深翻扩穴,增施大量的腐熟有机肥,保持土壤疏松;春季以速效氮肥为主配合速效磷钾肥和微量元素肥施用;夏季以速效磷钾肥为主适量配合速效氮肥和微量元素肥。

(2)适时中耕除草,改善园地环境,特别是平坝区在5—9月要保持排水沟渠畅通,降低园地湿度。

(3)及时将病花、病果从软枣猕猴桃园内清除,减少病原数量。

（4）农药防治　冬季用 5 波美度石硫合剂对全园进行彻底喷施；在软枣猕猴桃芽萌动期用 3～5 波美度石硫合剂全园喷施；展叶期用 65％的代森锌或代森锰锌 500 倍液或 50％的退菌特 800 倍液或 0.3 波美度的石硫合剂喷洒全树，每 10～15 d 喷一次。特别是在软枣猕猴桃开花初期要重防一次。

加强果园肥培管理，提高树体的抗病能力。秋冬季深翻扩穴增施大量的腐熟有机肥，保持土壤疏松；春季以速效磷肥为主配合速效磷钾肥和微量元素肥施用；靓果安每次间隔 10～15 d 喷施。夏季以速效磷钾肥为主适量配合速效氮肥和微量元素。适时中耕除草，改善园地环境，保持排水沟渠畅通，降低园地湿度。及时将病花、病果从软枣猕猴桃园内清除，减少病原数量。

（二十五）蒂腐病

1.发病症状

受害果起初在果蒂处出现水渍状病斑，随后病斑均匀向下扩展，果肉由果蒂处向下腐烂，蔓延全果，略有透明感，有酒味，病部果皮上长出一层不均匀的绒毛状灰白霉菌，后变为灰色（图 134）。

图 134　软枣猕猴桃病害——蒂腐病

2.防治方法

(1)搞好冬季清园工作。

(2)及时摘除病花,集中烧毁,开花后期和采收前各喷 1 次杀菌剂,如倍式波尔多液或 65％代森锌 500 倍液。

(3)采前用药应尽量使药液喷洒到果蒂处。采后 24 h 内用药剂处理伤口和全果,如用 50％多菌灵 1 000 倍液加 2,4-D 100～200 mg/kg 浸果 1 min。

(二十六)软腐病

软枣猕猴桃软腐病主要发生在软枣猕猴桃果实收获后的后熟期,果实内部的果肉发生软腐,失去食用价值,表现为果肉出现小指头大小的凹陷,剥开凹陷部的表皮,病部中心呈乳白色,周围呈黄绿色,外围浓绿色呈环状,果肉软腐(图 135)。

图 135　软枣猕猴桃病害——软腐病

1.发病症状

纵剖软腐部位,软腐呈圆锥状深入果肉内部,多从果蒂或果侧开始发病,也有从果脐开始的,初期外观诊断困难。病原为葡萄座菌和拟茎点霉菌。一般在高温多雨季节侵入果实,到采收时显露出来。

2.发病规律

软枣猕猴桃软腐病病菌以菌丝体、分生孢子及子囊壳在枯枝、果梗上越冬。越冬后的菌丝体、分生孢子器第二年春天恢复活动,4—6月间生成孢子,成为初侵染源。雨水是侵染的主要媒介。6—8月孢子散发较多,病菌孢子传播范围一般不超过 10 m,但有大风时,能传到更远的地方。分生孢子在清水中易萌发,从皮孔侵入 24 h 即可完成侵染,易于侵染幼果,随后可陆续侵染直至采收期。病菌侵入后,菌丝在果皮附近组织内潜伏,果实未成熟,菌丝发育受到限制,外表不显现症状。但菌丝体在果实组织内不断扩展蔓延,此后症状陆续呈现。收获前一旦发病,会产生落果;贮藏中发病,就会产生乙烯对其他果实的贮藏造成不良影响;贮藏果出库后追熟时发病,会造成局部软化,影响食用。该病菌是影响软枣猕猴桃贮藏的主要病害,一般冷库贮藏主要在贮期2 个月内发病,超过 2 个月很少发病。

3.防治方法

(1)选择土层深厚、肥沃、排水良好、通风采光条件好的地方建园。增施有机肥,改良土壤,增强树势,提高抗病力。冬剪后的枝条、枯枝、果梗、叶片等要集中烧毁或深埋,彻底清园。

(2)6—7 月对果实进行套袋,注意套袋前要对果实、树体喷施杀菌剂;适当晚采,正常采收指标是可溶性固形物含量 6.5%,为降低软腐病果率,中晚熟品种可在可溶性固形物含量 8%～9%时采收,可大大降低贮藏风险,而且贮藏果的贮藏性能会更好,品质更有保证。

(3)入库前严格挑选,对冷藏果贮藏至 30 d 和 60 d 时分别进行两次挑拣,剔除伤果、病果。

(二十七)黄化病

果树生长期叶片出现失绿发黄,严重时枯死,通常称此为"黄化病",在许多地区都有不同程度的发生。由于叶片失绿发黄,光合作用大大降低,造成产量低、品质差,是果树丰产的一大障碍。

图 136　软枣猕猴桃病害——黄化病

1. 发病症状

先是软枣猕猴桃嫩梢上的叶片变薄,叶色由淡绿至黄白色,早期叶脉保持绿色,故在黄叶的叶片上呈现明显的绿色网纹。病株枝条纤弱,幼枝上的叶片容易脱落,病变逐渐蔓延至老叶,严重时全株叶片均变成橙黄色至黄白色。病株结果很少,果实小且硬,果皮粗糙。苗圃地植株发病表现为幼苗黄化,停止生长。

2. 发病规律

本病为缺铁引起的生理性病害。缺铁的原因很多,主要是:

(1)土壤渍水　软枣猕猴桃是浅根系(肉质根)、呼吸和蒸腾作用都比较旺盛的果树。对水分过多或过少的反应特别敏感。土壤渍水会引起根系吸收困难,铁素吸收减少。

(2)果园土壤管理粗放、土壤黏重、土壤板结、通气性差,缺铁问题尤为突出。

(3)长期高温,土壤干旱,土壤中可溶性铁缺少。

(4)盐碱固定　偏碱的土壤(pH 7.5 以上),铁以难溶性的三价铁 $[Fe(OH)_3]$ 形态存在,不能被软枣猕猴桃根系吸收利用。

3.防治方法

(1)用硫酸亚铁与农家肥混施　缺铁成年树每株施 500～1 000 g 硫酸亚铁。为减小硫酸亚铁与土壤的直接接触面,可在软枣猕猴桃根系分布较多的土层范围内施一层农家肥,淋一层硫酸亚铁,再施一层农家肥,此法是防治缺铁病的根本措施。农家肥在分解过程中释放出有机酸,同时农家肥含有许多矿物质营养,可供根系吸收利用,促进生长发育(施螯合铁和农家肥效果更好)。

(2)开沟排水　因铁在渍水状态下根系很难吸收,所以需要及时排水。

(3)树干钉锈钉或吊瓶注射(内装 0.2%硫酸亚铁或者柠檬酸铁)。

(4)软枣猕猴桃园行间套种绿肥,并于干旱季节将树盘用绿肥和其他作物秸秆覆盖保墒。提高果园综合管理水平,使土壤有效铁含量保持在适宜范围内(40～130 mg/kg)。

(5)不合理滥用化肥是形成黄化病的"本",应从合理、平衡施肥入手治"本"。首先要做到平衡配方施肥,综合作物需肥特性、土壤养分含量(包括大、中、微量元素)、土壤质地、气候条件、上季亩产等因素得出正确、详尽的施肥方案。

三、冀北寒旱地区软枣猕猴桃病虫害种类发生的动态观察结果

经过连续观察,冀北寒旱地区软枣猕猴桃主要病虫害发生动态见表1。

从表中可以看出,大部分软枣猕猴桃病虫害都在 5—10 月发生,其中 6—8 月是果实迅速增长期,病虫害发生相对严重,需加大对园中病虫害的监视,及时采取有效措施应对。只有软枣猕猴桃细菌性溃疡病是在寒冷季节的 1—3 月发生,此时软枣猕猴桃细菌性溃疡病发生的面积还很小,但必须引起高度重视,一旦发生,对软枣猕猴桃园是毁灭性打击。

表1　冀北寒旱地区软枣猕猴桃主要病虫害的年发生动态

病虫害种类	1月	2月	3月	4月	5月	6月	7月	8月	9月	10月	11月	12月
根腐病	−	−	−	+	++	++	++	++	+	+	−	−
褐斑病	−	−	−	−	+	++	++	++	++	−	−	−
溃疡病	+	++	+	−	−	−	−	−	−	−	−	−
白粉病	−	−	−	−	−	−	+	+	+	+	+	−
线虫病	−	−	−	+	+	+	+	+	+	−	−	−
介壳虫	−	−	−	+	+	−	−	−	−	−	−	−
小绿叶蝉	−	−	−	−	+	+	+	++	−	−	−	−
铜绿金龟	−	−	−	+	+	−	−	−	−	−	−	−
小卷蛾	−	−	−	−	−	−	+	+	−	−	−	−

注：−表示不危害阶段，+表示危害阶段，++表示相对严重危害阶段

四、猕猴桃病虫害的综合治理

病虫害的防治要坚持预防为主，综合防治，需要加强病虫预测预报，掌握果园病虫害发生情况。分析各种生态因素对软枣猕猴桃疾病的影响，结合病虫的生物学特性和危害特点以及天敌发生特点，选择多种方法综合防治。加强对检疫性有害生物的检疫；选育和推广抗病品种，多个不同抗性品种综合使用，既避免品种过于单一，又可以错开成熟期；以农业防治和物理防治为基础，推广生物防治技术，在病虫害严重发生时，使用化学农药应急补救。提倡采取科学合理的防治方法。

1. 加强植物检疫

植物检疫是作物病虫害防治的第一道屏障，且高效率低成本。软枣猕猴桃细菌性溃疡病是软枣猕猴桃最常见的病虫害，是我国对外、对

内的检疫性病害,要严格执行国家植物检疫制度,防止软枣猕猴桃细菌性溃疡病蔓延、传播。另外软枣猕猴桃病虫害种类很多,而冀北寒旱地区作为软枣猕猴桃新发展区,现有的软枣猕猴桃病虫害种类还很少,在引进新品种试种或调运苗木时,应加强检查,防止外来有害生物的侵入。

2.选育和推广抗病品种

软枣猕猴桃现有品种都是以果实大小、酸甜度和产量为主要指标,尚缺乏对各种病虫害抗性的相关品种。对于软枣猕猴桃细菌性溃疡病,目前已经知道是绿果肉型(美味猕猴桃系列品种)抗病性较好。

3.农业防治

(1)选择排灌便利的坡地或平地建园,避开风道、霜带、土壤黏重、地势低洼或山脚下窝水地块。

(2)地势平坦或土壤黏重、积水地块采用高畦栽培,畦高 30 cm 以上,利于排水。

(3)冬季修剪、清除虫枝、病枝,清除地上枯枝落叶,减少病虫害残留,同时用 3~5 波美度的石硫合剂喷洒地表、水泥架桩和软枣猕猴桃枝蔓、主干,杀死越冬病原和虫源。

(4)增强树势,提高树体抗逆能力 通过合理的水、肥、修剪等栽培措施,增强树势,提高树体抗逆能力,营造不利于病虫害发生蔓延的园内小气候。雨季注意及时通畅排水沟,避免积水,减少根腐病的发生。合理种植较低矮的豆科植物如紫云英等,抑制其他杂草的生长,增加土壤肥力。

(5)通过中耕和除草减少地下害虫的危害 通过中耕、除草、培土,减少地下害虫的危害,避免杂食性害虫的躲藏。采取剪除病虫枝、清除病僵果和枯枝落叶、刮除树干裂皮并集中烧毁或深埋等措施,减少病虫害的扩散。

(6)苗圃可以合理轮作 轮作可以减少病虫害的积累,要培育无病虫苗,需选择新垦地育苗,苗圃也要合理轮作。

(7)人工捕捉 部分害虫移动慢或有假死性,如蜗牛、铜绿金龟子、黄守瓜等,可以通过人工捕捉,消灭这些害虫。

(8)选择对病虫害抗性强的优良品种,如魁绿,该品种较抗茎基腐病,茂绿丰(龙城 2 号)和辽凤 1 号较抗因果腐引起的落果。

(9)加强管理,增强树势　有机肥要用腐熟的,以免金龟子等地下害虫危害。施氮肥不可晚于 7 月 10 日,秋施磷钾肥,避免贪青徒长,促进枝条充实。建园时完善排灌设施,避免雨季渍涝,春秋干旱季节保证及时灌水。控制田间杂草高度,防止田间郁闭,与果树争光、争肥水。对已环绕病茎 1 周的茎基腐病幼树及时平茬;促进新枝早萌发。

(10)清洁果园,减少虫源、菌源　剪除密布介壳虫的枝条,及时摘除、清理感染灰霉病、白粉病等病害的叶、花、果,并带出田外处理。

4.物理防治

根据害虫的生物学特性,在园内安装诱虫灯诱杀害虫,还可利用黄色粘板悬挂田间,捕捉小绿叶蝉。

(1)人工捕捉害虫　巡视果园,人工捕捉或剪除零星发生的美国白蛾网幕、群集危害的刺蛾、金龟子成虫等害虫,带出田外集中杀死。发现有虫粪堆积的肿胀树干,要用铁丝钩杀其内部的蝙蝠蛾幼虫。

(2)灯光诱杀　果园四周安装诱虫灯,诱杀大青叶蝉、金龟子、刺蛾、美国白蛾等鳞翅目蛾类成虫。同时对因灯光诱集来的在灯下方树上的害虫用药剂防治。

(3)防寒　对 1～3 年生软枣猕猴桃茎基部包裹稻草、玉米秸秆等防寒物,预防茎基腐病,也可防止大青叶蝉产卵。

5.生物防治

利用生物或生物的代谢产物防治病虫害。措施包括:以食虫动物治虫,包括益鸟和一些禽类;以虫治虫,如蜘蛛、蜻蜓等。

使用选择性强的农药保护天敌,提高天敌数量;利用白僵菌施入土内,杀死地下害虫;利用木霉撒施畦面,抑制根腐病的发生。

选择一些植物源农药进行害虫防治,减少农药在果实上的残留。如用蔬果净(0.5%楝素乳油)以拒食、胃毒为主,用于防治刺蛾类、毒蛾类、尺蠖类等食叶害虫,效果仅次于菊酯类杀虫剂。百草一号(0.6%苦参碱·内酯水剂),以触杀作用为主,主要用于防治蚜虫及食叶害虫;百虫杀(1.2％烟·参碱乳油)对昆虫有胃毒、触杀和熏蒸作用,可用于防治鳞翅目低龄幼虫等食叶害虫和各种蚜虫等刺吸式害虫。

(1)防治灰霉病、花果腐病选用木霉菌、枯草芽孢杆菌等防菌剂和丁子香酚植物源杀菌剂。

(2)防治叶螨、蚜虫可选用植物源杀虫剂苦参碱喷雾。

(3)防治鳞翅目害虫(如刺蛾、美国白蛾等)可选用苏云金杆菌制剂在傍晚或阴天喷雾防治。

(4)防治蛴螬、地老虎等地下害虫可选用白僵菌、绿僵菌土壤处理。

6.化学防治

利用化学药剂杀灭或抑制病菌和害虫的生长与繁殖,达到治疗效果。

(1)利用糖醋液、性诱剂诱杀或干扰成虫交配。

(2)对苗木、种子进行消毒,防止携带外来有害生物。

(3)对溃疡病病斑进行刮除,并涂抹噻菌铜,防止病原细菌传播。

(4)套果的果袋用杀虫剂喷湿,晾干再套袋,以防害虫在袋内躲藏危害。

(5)在比较郁闭的软枣猕猴桃园,可用杀虫烟剂熏蒸方式杀虫。

(6)在病虫害严重发生时,选用环境型友好浓药(高效低毒、低残留)进行应急防治。

(7)幼苗定植前选用辛硫磷、毒死蜱、二嗪磷、高效氯氰菊酯、阿维菌素等颗粒剂处理有机肥或穴施、沟施,防治地下害虫。

(8)果树落叶后萌芽前,露地在 11 月上旬或 3 月下旬,保护地在加温后 1 周,喷施 3～5 波美度石硫合剂或 30％石硫·矿物油 200～300 倍液,杀灭越冬的介壳虫、螨类及田间病菌。

(9)早春用锋利的刀具刮除发病较轻的茎基腐病病斑,注意不要伤到木质部,然后涂抹甲基硫菌灵糊剂或腐酸·硫酸铜水剂等,防止伤口感染,促进愈合。

(10)5 月 20 日开始观察桑白蚧小若虫活动情况,于小若虫活动盛期,喷施25%噻嗪酮可湿性粉剂1 500倍+2.5%高氯氟氰菊酯2 500倍液,间隔3 d,再喷1次。

(11)谢花80%至幼果期喷施43%腐霉利悬浮剂800～1 000倍,或40%嘧霉胺悬浮剂1 000倍、50%啶酰菌胺水分散粒剂1 000倍液预防灰霉病和果腐病;如遇阴雨天气,间隔7d再喷1次。如发现害螨和蓟马为害,可混用70%吡虫啉水分散粒剂4 000倍或20%啶虫脒可溶粉剂1 500倍液防治蓟马;混用24%螺螨酯悬浮剂3 000倍或43%联苯肼酯悬浮剂2 000倍、15%哒螨灵乳油1 000倍液防治瘿螨和叶螨。注意喷头不可距果面过近,以免压力过大伤果。

(12)7月上旬至8月上旬预防蝇粪病、煤污病,喷施42%代森锰锌悬浮剂600倍,或10%苯醚甲环唑水分散粒剂1 500倍、80%克菌丹水分散粒剂800倍、60%唑醚·代森联1 500倍液。喷雾要均匀。以上药剂轮换使用,多雨季节7 d 1次,少雨季节15 d 1次。

(13)8月上旬对1～3年生幼树,向1.5 m以下树干淋喷30%噁甲水剂1 000倍或50%多菌灵600倍液等,并加入有机硅等展着剂(增加药液对树皮的湿润性和渗透性);中旬全树喷施430 g/L戊唑醇悬浮剂3 000倍液,兼治白粉病和茎基腐病。

(14)6月下旬至8月下旬食叶甲虫和毛虫数量较多时,喷施5%高氯·甲维盐1 000倍液;数量较少的可挑治或人工捕捉。

(15)9月下旬至10月中旬,大青叶蝉集中在幼树茎蔓下部危害时喷施2.5%高氯氟氰菊酯1 000倍液。向1.5 m以下树干淋喷46%氢氧化铜800倍液,预防茎基腐病。

第五章

软枣猕猴桃全年栽培管理与病虫害防治月历

1月：苗木补种（老果园）。

对果园内缺苗，空苗或因病虫危害，水淹等原因造成死苗的地方进行苗木补种，补种前开好定植坑并对定植坑及周边土壤进行消毒。加强监视软枣猕猴桃细菌性溃疡病，一旦发生，要及早防治。

2月：果园日常看守。

加强果园巡逻，防止牛马等牲畜进入果园；检查、维修防牛道，防风林。

3月：追肥，除草病虫害防治，除萌，灌水。

除草：待杂草长至 10 cm 左右时，用除草剂喷洒除草或结合追施芽前肥进行全园浅翻除草。

除萌：对无空间生长的多余萌芽疏除，双芽去一，抹除弱芽和实生芽，一般每平方米留 12～17 个强壮芽即可。

灌水：萌芽前后及时灌水，利于果树正常萌芽。

施芽前肥：在发芽前 15 d，以速效氮、磷、钾复合肥为主，同时可以辅以稀粪尿，大树每株施速效复合肥 0.25～0.5 kg，小树每株施 0.1～0.25 kg，沟施或穴施，然后灌水。

第五章 软枣猕猴桃全年栽培管理与病虫害防治月历

4月:引绑新梢,授粉(最忙的一个月)。

抹芽:抹除位置不当或过密的芽。保留早发芽、向阳芽、粗壮芽,抹去晚发芽、下部芽和瘦弱芽。

引绑新梢:对初种幼树,用竹竿立在树旁,用绳引绑。成年树引绑,新梢长到30～40 cm时开始绑蔓,已半木质化才能进行绑缚,过早容易折断新梢。为防止枝梢被磨伤,绑扣应呈"∞"形,使新梢在架面上分布均匀。

摘心:①花前1周左右对强壮的结果枝、发育枝轻摘心,摘心后如果发出二次芽,在顶端只保留一个,其余全部抹除,对开始缠绕的枝条全部摘心,可促使营养转向花序。②授粉结束后,对15～25片叶的枝蔓摘去3～4片叶的顶梢,对3～5片叶以上的长枝蔓,摘去4～6片叶顶梢,摘心后新生枝要及时除去或再次摘心。对枝条基部或位置适宜的壮旺枝要适当长放,培养成第二年结果母枝,壮旺枝梢在生长量达到80 cm时也要摘心促花。

疏枝:当新梢上花序开始出现后及时疏除细弱枝、过密枝、病虫枝、双芽枝及不能用作下年更新枝的徒长枝等。结果母枝每隔15～20 cm保留一个结果枝,每平方米架面保留正常结果枝3～4根。

疏蕾(疏花):侧花蕾分离后2周左右或是授粉前1周左右开始疏蕾。

开花授粉:①对花法。授粉前采集当天刚开放、花粉尚未散失的雄花,用雄花的雄蕊在雌花柱头上涂抹,每朵雄花可授7～8朵雌花。②毛笔或烟头。采集将要开放的雄花,手工摘取花药平摊于纸上,在电热恒温干燥箱中(24～25 ℃)干燥,收集散出的花粉,用毛笔蘸花粉在当天刚开放的雌花柱头上涂抹。

防病虫害:介壳虫发生的果园,应在4月中旬喷洒一次药,可用氟啶虫胺腈1 000～2 000倍或毒死蜱800～1 000倍。

5月:疏果追肥防病虫。

疏果:花后半月内疏果,疏小果、病果、伤果、畸形果,留大果、正常果;同一枝上多疏基部果和上部果,留中间果。如果待到单果重20～

50 g后疏果,效果甚微。

施肥:①叶面追肥。授粉后15 d,喷施叶面肥,可喷施300倍氨基酸复合微肥,0.3%～0.4%磷酸二氢钾、0.3%～0.5%尿素等为主配用光合微肥。以后每隔20 d左右1次,连喷3～5次。②壮果肥。一般在幼果第一次停止生长后,即谢花后一个月内的5—6月施入。采用环状沟施肥或轮流方向施肥。

防病虫:做好病虫观测,注意金龟子、二星叶蝉、蝽象及褐斑病、白粉病等病虫害的及时防治。

除草:根据杂草生长情况随时进行,结合中耕起保水作用。

各种病虫害陆续发生,根据园内病虫害的种类,确定防治措施。

6月:树盘覆盖、防病虫及套袋。

树盘覆盖:一般在4—5月份,将草切成段,均匀撒到树冠下,在根茎部位留出20 cm透气区,草腐烂后要及时补充。覆草后,其上少量稀疏的压土,防止风刮草飞。生草加割草覆盖树盘,效果更好。覆草既有利于土壤透气性,又有保水增肥之效,是目前果园地表管理最提倡、最有效的措施。果园生草时要选择浅根系、低干的禾本科、豆科植物或绿肥最好。如三叶草、毛叶苕子、扁豆和禾本科燕麦草等,也可混播,但不要深根性木犀。夏季当草长至20～30 cm高时要及时清除,并拔除行间的高秆草类。种植任何草种,都要保持树体的根颈部周围清耕,留小树盘,利于树体根颈部的透气性。

防病虫:做好病虫观测,注意金龟子、二星叶蝉、蝽象及褐斑病的防治。

套袋:6月上中旬(生理落果结束后),套袋前应根据病虫害发生情况对果园全面喷药1～2次。喷药后及时选择生长正常健壮的果实进行套袋,应选用抗风吹雨淋、透气性好的专用纸袋。

7月:排水,防虫,夏剪。

此期是高温高湿季节,注意应及时排灌水,始终保持土壤不干旱,不积水。

防虫:高温多雨季节,注意防治叶蝉和介壳虫。

夏剪:对新萌发的徒长枝,有空摘心,无空去掉,注意新梢的及时摘心,促其枝条木质化。

8月:排灌,防病虫,备基肥。

整理枝上果:此时应除去树上伤果、畸形果、病虫果、过小果、使树上果整齐一致,便于销售。

幼树修剪:新种幼树及时剪梢或摘心,减少秋季的新梢生长而集存养分,促其发育充实,提高抗性以利来年新梢生长。

排灌:注意观测天气变化及雨量,久旱不雨时需及时灌水保湿,久雨不晴时需及时排水防渍。

防病虫:褐斑病高发期注意观测及时防治。此时已经接近收果期,防治方法要合理选择,尽量减少使用高毒、高残留的农药。

备基肥:必须在月底前备足基肥。

9月:采收果实。

采果:以9月中旬采摘为佳。采果时,将果实向上推,不能硬拉,轻拿轻放,按分级标准,分级包装,待存待销。

采果后是施基肥的最佳时期,9月下旬开始施基肥。

采完果后对果树进行修剪,剪除干枯枝、弱枝、病虫枝、徒长枝、卷曲枝等。

10月:施基肥。

基肥:猪牛粪、鸡粪、人粪尿及饼肥等加入过磷酸钙堆沤腐熟。一般第4年每株施入50 kg,第5年每株施入75 kg加过磷酸钙1 kg。

11月:冬剪,灌封冻水。

冬剪:落叶一周后即可开始修剪。修剪方法同1月份。

清园:包括清除园内病虫枝叶,果实,深埋或远离果园烧毁。

施基肥工作应尽快结束。10月未施的,在本月必须完成基肥的施入工作。

灌水:在霜冻前灌一次防冻水,既可防冻又可促进土壤改良。

果树安全落叶后进行树干涂白。

12月:整形。

整形:采用"T"形棚架,单主上架后采用"Y"形上架两边延伸形成两条主蔓,与主蔓垂直每隔30～50 cm留一侧蔓(结果母枝),侧蔓向架横梁方向。

不断完善软枣猕猴桃规范化栽培模式,普及软枣猕猴桃病虫害综合治理技术,丰产、高质量的软枣猕猴桃丰产景象将很快展现在农民眼前,软枣猕猴桃也将成为冀北寒旱地区特色农业发展的风景线(图137)。

图137 软枣猕猴桃挂果的景象

参 考 文 献

[1] 黄国辉.软枣猕猴桃产业发展现状与问题[J].北方果树,2020
(1):41-43,45.

[2] 尉莹莹,梁晨,赵洪海.软枣猕猴桃镰孢菌根腐病的病原[J].菌物
学报,2017,36(10):1369-1375.

[3] 艾军.软枣猕猴桃栽培与加工技术[M].北京:中国农业出版社,
2014:64-65.

[4] 王丽君,王润珍,侯慧锋,等.辽南地区油桃桑白蚧的发生与防治技
术[J].辽宁农业职业技术学院学报,2017,19(3):1-3.

[5] 秦红艳,刘迎雪,艾军,等.葡萄肖叶甲在软枣猕猴桃上的发生与防
治[J].北方园艺,2017(9):101-102.

[6] 张江,李辉,秦通.软枣猕猴桃的发展前景与栽培技术措施分析
[J].现代园艺,2019,8:12-13.

[7] 王金硕,李万洪,李立才,等.参后还林地间作软枣猕猴桃栽培技术
[J].人参研究,2019,5:48-49.

[8] 辛树权,时东方,李广洲,等.软枣猕猴桃平行棚架种植与下吊式小
管出流技术应用研究[J].长春师范大学学报,2019,38(10):
104-107.

[9] 邓利.猕猴桃溃疡病发生原因与绿色防控技术[J].农村经济与科
技,2019,30(21):59-60.

[10] 彭光福.猕猴桃溃疡病致病根源及防控对策[J].现代园艺,2018,
2:130-131.

[11] 雷萌.猕猴桃溃疡病综合防控技术[J].现代艺,2019,12:38-39.

[12] 罗云,马甲强.苍溪县猕猴桃溃疡病发生规律与综合防治技术
[J].四川农业科技,2019,8:31-32.

[13] 伍廷辉,严凯.猕猴桃溃疡病发生原因及绿色防控技术[J].安徽

农学通报,2018,24(6):66-67.

[14] 侯红彩.软枣猕猴桃的种植技术[J].落叶果树,2019,51(5):52-53.

[15] 陈唯王.广西乐业县猕猴桃栽培与病虫害防治技术的研究[D].广西大学.2013.06

[16] Oh B, Muneer S, Kwack Y B, et al. Characteristic of Fruit Development for Optimal Harvest Dae and Postharvest Storability in 'Skinny Green' Baby Kiwifruit[J]. Scientia Horticulturae,2017, 222.

[17] A Seal, T Mc Ghie, H Boldingh, J Rees, A Blackmore, P Jaksons, T Machin. The effect of pollen donor on fruit weight, seed weight and red colour development in Actinidia chinensis 'Hort22D'[J]. New Zealand Journal of Crop and Horticultural Science, 2016, 44(1).31-32.

[18] 段腾飞,李昭,岳田利,等.反式-2-己烯醛对猕猴桃贮藏过程扩展青霉生长的抑制作用[J].农业工程学报,2019,35(2):293-300.

[19] 刘健伟,王勤红,方寒寒,等.猕猴桃溃疡病发生规律及综合防治方法[J].现代园艺,2019(7):178-180.

[20] 王发明,莫权辉,叶开玉,等.猕猴桃溃疡病抗性育种研究进展[J].广西植物,2019,39(12):1729-1738.